教科書には載せられない

日本軍の秘密組織

日本軍の謎検証委員会 編

彩図社

はじめに

人が3人寄れば、派閥ができるといわれている。とくに政治の世界において、安定した政権を担うには、派閥による駆け引きも重要だ。

とはいえ、派閥は何も、同じ意志を持ったメンバーだけで構成されているわけではない。そのつながりは、出身校であったり出身地であったり、もしくは利害関係であったりと様々で、各自が思惑を持っていることが多い。そのため、平時であればまとまりもあるが、いざ事が起きると意見の食い違いで分裂することもあるわけだ。

そのような事態に、約70年前まで存在した日本軍も陥っていた。

日本軍部の巨大派閥といえば、薩摩閥と長州閥である。明治維新の立役者である薩長両藩の出身者は、「海の薩摩、陸の長州」といわれるように、陸軍と海軍で住み分けがなされていた。しかし、幕末の同盟時代とは打って変わって、軍部内での派閥抗争を繰り広げていたことも事実。そのために、陸海軍は終戦まで確固とした協力体制を築くことはなく、敗戦の一因にもなったとされている。

ただ、巨大派閥である薩長閥は、出身地で区別されたに過ぎない。薩摩なら薩摩、長州なら長州なりのイデオロギーは希薄だ。そこで、同じ志を抱いた小派閥も誕生する。それが「王師会」や「桜会」、「一夕会」といった派閥である。これらの中には、派閥抗争に明け暮れる軍上層部に反発し、クーデターまで起こしたところもある。さらに、陸軍省・海軍省の軍政機関と陸軍参謀本部・海軍軍令部といった軍部との対立もある。

つまり、日本軍は決して、一枚岩ではなかった。そして、それぞれがそれぞれの考えで戦争を進めていった結果、責任の所在が曖昧となり、終戦が長引いたともいえる。

本書は、これらの派閥に加え、様々な日本軍の組織について記した一冊である。とくに、その実態があまり知られていない「特務機関」についても、分かりやすく解説を行っている。

第一章は、それら、諜報と謀略によって日本を支えた数々の特務機関や、「731部隊」や「516部隊」など、機密の任務を負った組織をとりあげる。

続く第二章は、先に加えて、陸軍を二分した「皇道派」と「統制派」、海軍の行く末を変えた「艦隊派」と「条約派」、政治の世界まで巻き込んだ「三国同盟推進派」と「対米協調派」といった派閥を紹介。そして、満州を牛耳った「関東軍」、技術開発を担った「登戸研究所」「科

学技術研究所」、戦時の最高統帥機関である「大本営」、海軍の「海上護衛総隊」についても説明を行っている。

第三章は、永田鉄山、石原莞爾、板垣征四郎、服部卓四郎、辻政信、米内光政など、極秘作戦に直面した軍人を紹介。そして第四章では、日本軍が行った情報作戦について解説している。

一般的に、日本軍は情報戦が苦手だったとされている。情報収集力がアメリカより劣っていたため、ミッドウェー海戦に敗れ、山本五十六司令長官も命を落としたとも考えることができるだろう。しかし、日本軍の諜報能力は決して侮られるようなものではなく、それどころか、実は世界有数の実力を誇っていた。

にもかかわらず、なぜ「劣っていた」という通説がまかり通るのか。その理由として考えられるのは、せっかくの情報を巧く活用できなかった点にある。諜報部員がどんなにいい情報を提供したとしても、上に立つ軍の作戦将校や組織がその重要性に理解を示さず、作戦遂行に役立てようとしなかったのである。

戦争は何も、艦艇や航空機、戦車などによる物理的な衝突ばかりで成り立っているのではない。その舞台裏で繰り広げられた「情報戦」や、人脈や情報を駆使して組織をつくり上げ、改革や謀略に取り組んだ人々も、国家の運命を左右する重要な要素なのである。

本書をお読みいただいた方が、少し違った方向から日本軍を知り、日中戦争や太平洋戦争に関する理解を深めていただけたら、筆者として嬉しい限りである。

２０１６年6月　日本軍の謎検証委員会

教科書には載せられない

日本軍の秘密組織

目次

第3章 極秘作戦を遂行したエリート軍人たちの素顔

1937年に起きた第二次上海事変に参加した海軍陸戦隊。兵士は攻撃に備えガスマスクを装備している。

第1章 実在した特務機関と部隊の実体

【ソ連の脅威を探ったシベリアの諜報機関】

ハルビン特務機関

勝敗を左右する諜報活動

　現代戦を進める上で欠かせない行動の一つが諜報活動、いわゆるスパイ行為である。敵地から様々な手段で情報を盗み、敵国内部にスパイを送り込んで内部工作により国力を疲弊させる。そうすれば、自国は入手した情報で戦闘を有利に進めることができるし、敵国は国内の混乱で戦争どころではなくなるというわけだ。

　こうした諜報活動を日本で担ったのが、陸軍や外務省の**「特務機関」**と呼ばれる組織である。

　1885年、朝鮮半島での影響力を強化したい清国や、アジア進出を目指すロシア帝国との開戦を危惧した日本は、陸軍の萩《はぎ》野《の》末吉《すえきち》をウラジオストクへ駐在官として派遣し、大陸やシベリア方面の情報を収集させた。これが陸軍による諜報活動の始まりだと言われている。

　日清戦争後には、陸軍の参謀本部が多数の情報将校（情報収集や謀略活動を任務とする役職）を満蒙《まんもう》地域（満州及びモンゴル周辺）とロシア国内へ派遣する。日露戦争勃発後に、ロシア国内で反政府勢力へ支援を行い、国力を衰退させた明石《あかし》元《もと》二郎《じろう》大佐の活躍は有名だ。

　こうした諜報活動は日露戦争後も継続され、太平洋戦争前後には専門の特務機関が活動を任さ

日本やイギリス、アメリカ、フランスなどは社会主義政権の拡大を防ぐため革命後のロシアに兵を派遣。現地で諜報活動を行う特務機関も設立された。

れていた。その一つが、満州の都市ハルビンに設置された**「ハルビン特務機関」**だ。

満州の対ソ諜略組織

日本海軍がアメリカを仮想敵とした一方で、**陸軍の警戒対象は終始ロシア、そして革命で成立したソ連**であった。

朝鮮併合と満州建国で国境は事実上地続きとなり、その脅威は日露戦争時とは比較にならないほど高まっていた。従って、最も長く国境を接する満州は、必然的に最重要地域となり、陸軍が最も諜報に力を入れることになったのだ。

そうした諜報活動が活発化したのは、「シベリア出兵」（社会主義政権の打倒を目指して日本とヨーロッパ各国が行った軍事行動）直前の

1918年初頭だった。陸軍では、シベリアでの正面戦闘以外の活動、すなわち、「情報収集」や「敵地への宣伝工作」「日本に味方する勢力とのコンタクト及び育成支援」などの諜報業務を、戦闘区域でどのように行うかが課題となっていた。

　これらの問題をクリアするため、参謀部は司令官指揮下に専用の工作組織を置き、現地活動を可能にしようとした。このとき設立された特務機関の一つが、ハルビン特務機関だった。

　その後、シベリア出兵が失敗に終わると、日ソの国交樹立でソ連国内の特務機関が閉鎖していく。一方、ハルビンをはじめとする満州方面の特務機関は、引き続き情報収集を続けた。

　昭和に入り、大陸での日本軍進出が活発化すると、各機関は1940年4月に関東軍直属の「関東軍情報部」へと改変され、ハルビン、チチハル、奉天《ほうてん》、アパカといった各地の特務機関はその支部として組み込まれた。こうして**巨大化した諜報網は満州全域に広がり、最盛期には機関員が4000人を超えた**といわれている。

諜報活動と外国人部隊の設立

　特務機関内には対ロシア人工作専門の「白系露人事務局」が置かれ、協力者の増加を狙った宣伝工作や機密情報の入手を行うと同時に、手に入れた文書は「文書諜報班」が独自に分析と翻訳を実行。これらは1936年11月に制定された「哈爾濱《ハルビン》機関特別諜報（哈特諜）」に基づく活動で、ソ連共産党から逃れてきた亡命ロシア人の協力を得つつ、ソ連総領事館の現役電信

1934 年、白系露人事務局設立時の様子。ロシア人工作部門として設立された。

員をも引き込み、かなりの情報を仕入れていたという。

しかし、ソ連も特務機関の動きは察知していたようで、ニセ情報を掴まされることも多かったといわれている。さらには手に入れた情報も、諜報戦を軽視する関東軍上層部の不理解で、作戦に活かされることは少なかった。

その一方で、成功を収めた活動があった。**外国人部隊の設立**だ。

満州には革命後のソ連から亡命してきた白系ロシア人が多数いた。そうした反ソ派を中心に１９３７年に設立されたのが、約２５０人のロシア人兵士で構成された「浅野部隊」だ。同年には下部組織の牡丹江《ぼたんこう》機関が「横道河子隊《おうどうかしたい》」を、１９４４年にもハイラル北方の警備を担当する「コサック警察隊」も編成。最大１５０人と小

規模ではあったが、満州国軍の正規部隊として1945年まで配備されていたのである。

また、ロシア人だけでなく、モンゴル人による部隊も編成されていた。その部隊は第868部隊、通称「磯野部隊」という。1941年9月に約800人のモンゴル人を集めて編成された部隊であり、目的はモンゴル方面の防衛と敵地での謀略活動である。

当時のモンゴルはソ連の影響下にあったので、日ソ開戦時の活躍を期待されていた。しかし、対ソ戦の可能性は日ソ不可侵条約締結によって事実上なくなり、2年以上も外蒙古（ゴビ砂漠の北側）で飼い殺しとなってしまった。

1943年にようやく移動が命じられたが、行き先は中国東北部の興安《こうあん》で、部隊名は「第53部隊」に変更。翌年には関東軍へ転属となって、「第2遊撃隊」として満州西方の防衛に就かされたのである。ただ、状況に振り回されはしても日本を裏切ることはなく、1945年8月のソ連侵攻でも松浦友好少佐に指揮され果敢に戦っている。

そして特務機関が考案した中で、最大規模の作戦が**「K号工作」**である。日ソが開戦したらニセのソ連軍警備艇を使い、工作員をソ連兵に変装させて、アムール川の鉄橋や川沿いの施設を爆破するという壮大な計画だ。

作戦は中止となったが、実行されていればソ連戦の推移も少しは違っていたかもしれない。

ハルビン機関の終焉

ハルビン特務機関は数ある特務機関の中でも

機関長を務めた樋口季一郎（左）とその上司でのちに首相になる小磯国昭（右）

活動期間の長い組織であり、それ故に戦史で名を残した名将・謀将には機関出身者が少なくない。東条英機の後任として総理大臣となった小《こ》磯国昭《いそくにあき》、満州事変の立役者の一人である土肥原《どいはら》賢二《けんじ》、そしてポツダム宣言受諾後に千島列島へ攻め入ったソ連軍を食い止めた樋口季一郎《ひぐちきいちろう》など、彼らは全員、ハルビン特務機関の構成員か機関長を経験していたのである。

　まさに日本の謀略面における最古参とも呼べるハルビン特務機関だが、１９４５年８月９日のソ連参戦とその後の満州制圧でその歴史に幕を閉じた。モンゴル人部隊はソ連軍の数に押し負け戦線離脱を余儀なくされ、白系ロシア人部隊も再結集したものの、関東軍にソ連軍と間違えられて、誤爆により全滅するという悲劇的な結末を辿っている。

【対英勢力への支援を目的とした工作組織】

F機関

イギリスの植民地アジア

太平洋戦争前後、イギリスは世界各地に植民地を持つ超大国だった。アジアのマレー半島、ビルマ（現ミャンマー）、インド、インドネシアの一部と香港など、多くの地域と島々がイギリスによって植民地化され、抑圧的な政策に現地の人々の不満は高まっていた。

そして、これらの地域は、日中戦争時の日本軍の南方作戦における主目標でもある。そこで、**独立運動の支援を行い、対英戦を有利にするために活動した諜報機関が、「F機関（藤原機関）」**である。

F機関の機関長に任命されたのは、**藤原岩市《ふじわらいわいち》少佐**。藤原は元々、参謀本部八課で宣伝広報を担当していたが、１９４１年9月18日に、参謀総長の陸軍大将・杉村元からバンコク行きを命じられた。すでに、同地で対英謀略を進めている泰国（現タイ）駐在武官・田村浩大佐を補佐して、アジア方面の独立運動を支援するというのが任務の内容である。

この時点で、藤原に諜報の経験はない。しかし、命令の前年には日本へ亡命していた「インド独立連盟」（ＩＩＬ）の活動家３人をバンコクへ輸送する任務を行っていたので、そこで築

対英工作や諜報を担ったＦ機関の機関長藤原岩市少佐。Ｆ機関はおもにインドの反英勢力を支援し、降伏したイギリスインド軍兵士をとりこんで反英活動の活発化をはかった。

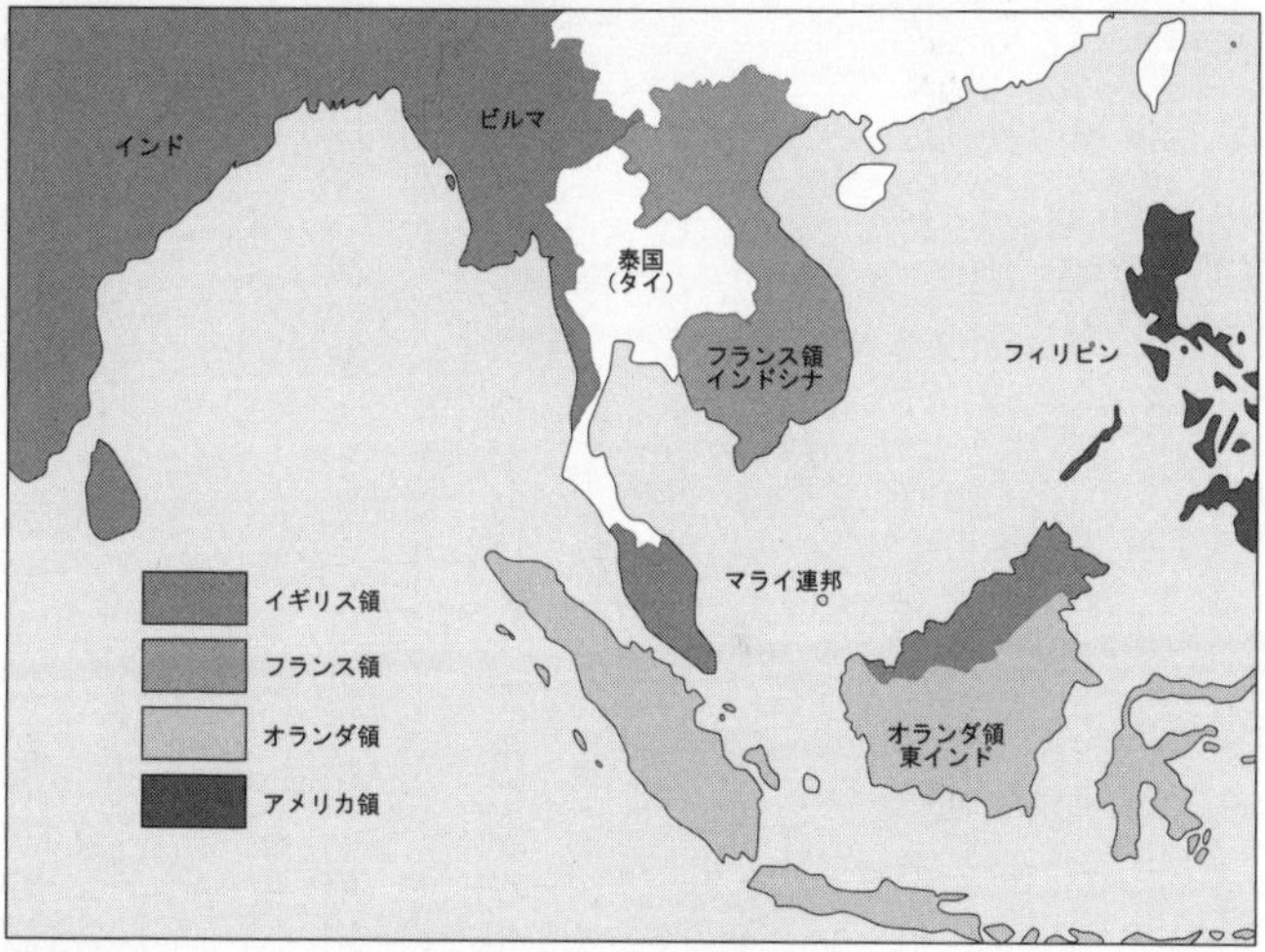

戦前の欧米各国の植民地地図

かれた反英勢力との繋がりを評価されての任命だったとされている。

ともあれ、命令から11日後に、藤原は支援機関を組織してバンコク入りを果たした。このときF機関が設立されたわけだが、当初は藤原を入れても総勢８人という小組織でしかなかった。しかし、任された任務はＩＩＬとの協力交渉や華僑《かきょう》（中国本土以外に住む中国人）工作の支援、対英開戦を想定した後方かく乱の準備など、決して小さなものではなかった。

中でも**最も効果を発揮したのが、日本に不信感を抱いていたＩＩＬへの工作活動**である。

１９４１年10月に藤原はＩＩＬのプリタムシン書記長と会談したのだが、日本に対するインド側の反応は冷淡だったという。なぜなら、彼らは満州や中国における日本軍の侵略行為を快く思っておらず、仮にイギリスを追い出しても、日本が新たな征服者になることを危惧していたからだ。

さらにプリタムシンは藤原に、「一般市民も味方しないだろう」と忠告も与えている。

だが藤原は、「大陸での行いは反省すべき」と認めたうえで、日本の目的は東洋の共存共栄であって、断じて征服が目的ではないとして、交渉を続けたのである。

日本軍部の真意はどうであれ、藤原のそうした粘り強い説得の甲斐もあってプリタムシンは考えを改め、「日印共存のため団結すべき」と、日本軍への協力を決定。

このとき結ばれたＩＩＬとの協力関係が、その後の南方作戦を大きく左右することになるのである。

虎を意味するハリマオの異名でマレー人から親しまれた盗賊団の首領・谷豊。ある日タイの獄中につながれてしまうが、対英工作を強化したい日本軍によって獄から脱し、以降は日本軍の諜報員として、Ｆ機関とともに情報収集やかく乱に従事した。

盗賊ハリマオの活躍

日米開戦で南方作戦が開始されると、Ｆ機関はＩＩＬと共同で日本軍のマレー侵攻を支援することになる。ここで大きな働きをしたのが、マレー半島で盗賊団を率いていた日本人の**谷**《たに》**豊**《ゆたか》だ。

谷はマレー半島へ移民した日本人の一人だったが、徴兵検査で一時帰国している間に華僑の起こした暴動で現地の妹を失い、盗賊団を組織しイギリス人や中国人相手に暴れまわった経歴を持つ。一説によると、谷が率いたマレー人盗賊は３０００人以上だったとされ、**マレー人は襲わない義賊ぶりから「ハリマオ（虎）」の異名で知られていた**という。

そうした活躍は日本の参謀本部にも届いており、対英工作に利用したいと考えられていた。そのため、太平洋戦争開戦前には監獄に拘束されていた谷を、陸軍が派遣した神本利男《かもととしお》が救出したのである。

その後、谷はF機関の下で、情報収集と後方かく乱に従事。中には爆弾の解体など、盗賊団時代にやっていたこととは逆の仕事も行っている。なお、谷はマレー作戦終了前後の1942年3月半ばに病死している。

谷が活躍する一方で、藤原とIILは**イギリスに徴兵された植民地軍（イギリスインド軍）のインド人離反工作**を行っており、宣伝工作によって多くのインド人兵士を帰順させることに成功していた。

主な方法としては、敗走中の部隊との交渉や空中からのビラ散布、友軍に変装した工作員による扇動が多かったという。

こうして集まった兵は、彼らと同じく日本に投降したモハンシン大尉の指揮で、占領地の治安維持に当たった。この引き抜き工作が、現地の守備隊から兵力を緩やかに奪っていったことは間違いない。

そして1941年12月、藤原、プリタムシン、モハンシンの3人で開いた会議の中で、機関の次なる段階への移行を決定した。すなわち、帰順したインド人兵士による義勇軍**「インド国民軍」**の設立である。ただし、投降兵による部隊設立は日本兵の警戒も招きかねないと懸念されたことから、設立はするが公表は控えることで意見は一致した。

軍司令官や参謀らの説得が大体終わり、部隊

インド国民軍の兵士たち。投降したイギリスインド軍兵士に食糧や物資の確保を約束し、インド国民軍に入隊するよう呼びかけると希望者が殺到。インド国民軍は数万人規模の組織に成長した。

が認知されたのは1942年3月のこと。この頃には、シンガポール基地陥落で約5万人ものインド人兵士が捕虜となっていた。兵力増強のチャンスに直面した軍は、国民軍への参加希望者には食料と物資を支援すると発表。すると捕虜はこぞって入隊を希望し、**最終的に部隊は、数万人規模の兵力を擁する大軍へと成長していった**。まさにF機関の活動は大成功に終わったのである。

難攻不落といわれたシンガポールの陥落でF機関とIILは本部を同地に移転したが、4月29日の藤原に対する本土への帰還命令で組織の活動はそこで終了となる。

そして、その後における南方で謀略活動は、「岩畔《いわくろ》機関《きかん》」と「光機関」に受け継がれることになったのだった。

【インド独立工作を担った特務機関】

光機関

大国イギリスの生命線

第二次世界大戦前後のイギリスが大国として成り立っていたのは、インドを植民地化していたことが大きい。

イギリスは１７５７年に「プラッシーの戦い」で勝利を収め、インドの支配権をフランスから奪取した。そして、「イギリス東インド会社」を通じ、アジア貿易の拡大と支配体制の磐石化に着手。その結果、インドは「王冠の宝石」と呼ばれるほどの富を生み出すことになるのだが、そうした利益が出せたのは、現地民への搾取と差別、不義理があったからだった。

生産品の独占から始まり、言論統制、武器の保有禁止などの弾圧を次々と行い、第一次大戦では、インド独立を約束して現地民を徴兵したにもかかわらず、戦後はこれを履行しなかった。

こうした行為は現地民の反英感情を高ぶらせ、１８５７年の「セポイの乱」に代表される様々な民族闘争へと繋がった。太平洋戦争直前でも、反英独立運動はマハトマ・ガンジーらによって根強く続けられていた。

もし、こうした運動を煽ってインドの独立を成功させることができれば、イギリスは国力が大幅に衰退し、戦争の遂行力を失う可能性も低

インドはイギリスによる植民地支配に長年苦しめられ、独立運動がたびたび起きていたため、日本軍は対英勢力を育てるべく支援を行うようになった。

くない。そこに目をつけ工作活動を行ったのが、陸軍の**「光《ひかり》機関《きかん》」**である。

インド工作の専門組織

対英戦争を想定したインドへの工作自体は、すでに太平洋戦争開戦前から「Ｆ機関」が行っており、開戦直後にはインド人のみで構成されたインド国民軍の発足に成功していた。こうした流れを受け継いで、Ｆ機関は南方全域の工作活動統率機関「岩畔《いわくろ》機関《きかん》」に発展改組される。この時期はすでに南方制圧が終了間近となっていたので、事実上のインド専門組織だったと見ていいだろう。

陸軍省軍務局の元軍事課長・岩畔《いわくろ》豪雄《ひでお》大佐を長として、本部を泰国（タイ）の都市サイゴン

へ置いた機関の基本方針は、同年3月に東京赤坂の山王ホテルにて開かれた「山王会議」で決定された。日本へ亡命中のラス・ビハリ・ボースと国民軍司令官のモハンシン将軍を筆頭とするインド独立派や、アジア各方面の活動家が集まったこの会議により、**インド独立連盟の創設とインド国民軍の拡大強化**が決議された。

岩畔機関は会議の決定を重んじ、１９４２年4月から本格的な活動を開始。シンガポールの支部からインド向けのプロパガンダ放送を続ける傍らで、マレー半島のペナンでインド人兵士の養成学校を開いた。ここでは戦闘技術以外にもスパイ用の専門知識も教育し、訓練された兵士の中には、インド内部で工作員として活躍した者も少なくないという。

高圧的に接さず、同等として扱う機関員らの方針もインド兵の好感を招き、最終的にインド国民軍は約3万人の兵を有する大部隊に成長。岩畔は少将昇進と共に内地へ帰還し、インドへの活動は順調なうちに、後続組織の「光機関」へ受け継がれたのである。

日本に協力した独立強硬派

光機関を語る上で避けては通れない人物が、**チャンドラ・ボース**だ。ガンジーと同じくインド独立を目指す国民議会派の一員だったが、非暴力不服従を是とするガンジーとは違い、武力闘争によるイギリス人追放を目指していた。

この手段の不一致で、ボースとガンジーは袂《たもと》を分かち、ボースは１９４１年3月にヨーロッパへ向かう。イギリスを打倒すると見られてい

非暴力を訴えインド独立を目指したガンジー（左）と独立には武力闘争も辞さない構えだったチャンドラ・ボース（右）

た、ナチス・ドイツの協力を得るためだ。ドイツは熱烈に歓迎したといわれているが、積極的な支援は行わなかったという。

そんなボースに転機が訪れたのが1941年の10月末。彼の評判を聞きつけた参謀本部の命令で、日本陸軍の**山本《やまもと》敏《はやし》大佐**が会見を求めたのである。この山本大佐こそが、後に光機関の機関長となる人物だった。

会見は1時間程度で終わるも、独立への熱意に溢れたボースに山本は好意を抱く。日本人をアジアの侵略者と捉えていたボースも、会見で考えを改めたという。そして太平洋戦争開戦からの快進撃を聞くと、日本こそがインド解放を成すと信じ、協力を申し出たのである。

だが、日本政府はボースを過小評価しており、山本からの説得を受けても、1年以上も来

日許可を出さなかった。政府が来日を検討し始めたのは、１９４2年末にモハンシンが国民軍内部の権力争いによって更迭軟禁されてからである。新たなインド人の指揮官を求めた岩畔機関の意向もあり、ボースは１９４３年2月、ようやく日本行きが叶ったのである。

すべてを狂わせた大敗

日本へ到着すると、ボースは各地で会見や演説を行い、嶋田繁太郎《しまだしげたろう》海軍大臣や外務省の要人らと会談。東条英機首相は当初会おうとしなかったが、１カ月後の会談でボースの人柄に惚れこみ、冷遇を詫びると同時に協力を約束した。首相の支持を得るとボースは南方へ赴き、山本が率いる光機関と合流したのである。

７月４日、ボースはインド独立連盟の指導者となり、国民軍の総司令官にもなった。10月にはシンガポールで自由インド仮政府の設立を宣言。国民軍は自由インド国民軍（ＩＮＡ）に改変され、ボースは主席と総司令官の座に就いた。

これらを支援するべき光機関は、１９４４年1月に「南方軍遊撃隊司令部」へ改変され、それまでの育成支援から戦略指導や部隊運営の助言などの戦闘支援へ切り替える。最終目標は、ＩＮＡをインドへ送りこむことである。

すでにボースの決起はインド全域に知れ渡り、各地で抵抗運動を始める者が出始めたという。ＩＮＡが帰還すれば、独立の気運は一気に燃え上がり、インドからイギリスを駆逐できたかもしれない。しかし、その夢は叶わなかった。

原因は**インパール作戦**にある。牟田口廉也《むたぐちれんや》中

イギリス軍に向けて進軍するボース率いる自由インド国民軍。独立に向け日本軍の侵攻に力を貸したが、インパール作戦の失敗でインド工作は下火になった。

将が発案したこの作戦に対し、インド帰還を急ぐボースは賛成の意を示し、ＩＮＡの一部を派遣したが、結果は日本側が2万7000人の戦死者を出す惨敗。**ビルマ方面からの進軍が不可能になるほどの大損害を被った。**

日本軍の協力を大前提とするＩＮＡに、単独でインドへ攻め込む力はなく、海路での輸送も日本海軍の戦力激減で不可能となった。たった一度の敗北が、組織を変えつつ行われてきたインド工作を終焉へ追い込んだのだった。

南方軍遊撃隊司令部はボースを支援し続けたが、戦争は日本の敗北に終わり、ボースはソ連へ亡命しようとした矢先に飛行機事故で命を落とした。しかし、彼らの悲願であったインドの独立は、国内活動家の努力とイギリスの衰退により1947年8月に成就したのである。

【ミャンマー軍の前身をつくった独立工作機関】

南機関

日本を苦しめたビルマ補給路

日中戦争で中国が粘り強く戦えたのは、米英からの支援があったことも大きな理由だ。ヨーロッパ各国とアメリカは中国市場における利権を守るため、日中が戦争状態になると、こぞって蒋介石《しょうかいせき》率いる中国国民党へ、物資と兵器の支援を行った。日本は抗議したが、第三国の公益の自由を盾とする米英は聞く耳を持たず、フランス領の仏印（インドシナ半島）とイギリス領のビルマ（現在のミャンマー周辺）の二つのルートを中心に支援を続行した。

日本軍が「援蒋《えんしょう》ルート」と名付けたこれらの補給路のうち、仏印方面はドイツに敗北したフランスから、1940年に軍進駐の許可を得たことで消滅。だが、残るビルマ方面は、戦争状態になかったイギリス領であり、ルートの無力化は難しいとされていた。そこで日本軍が発案したのが、ビルマで活発化し始めた独立運動を利用して、地域ごと無力化する作戦だった。そして、**独立運動の援助とルートの破壊を目的に設立されたのが「南機関《みなみきかん》」**である。

若き独立運動家を利用

ビルマの反英活動家のアウンサン（左）と南機関機関・長鈴木敬司大佐（右）

喫緊の課題は支援対象となるべき独立運動家の確保だが、すでに日本はある人物に目をつけていた。それが、25歳の青年活動家**アウンサン**だ。後にビルマ建国の父と呼ばれる逸材ではあるが、当時は数多くの活動家のうちの一人でしかなく、日中戦争時はイギリスから指名手配を受け、日本に亡命中の身であった。

１９４１年１月、陸軍は参謀本部付の**鈴《すず》木《き》敬《けい》司《じ》大佐**へ、支援用の特務機関設立を命じる。これが南機関誕生の経緯である。

鈴木は１９３９年から蘭印方面（インドネシア周辺）への駐在を命じられ、翌年にはビルマ方面の情報収集に努めた南方通だった。アウンサンの亡命も鈴木の働きによるもので、まさにビルマ工作組織の長に最適の人物だと言えた。

機関長となった鈴木は「南益世《みなみますよ》」という偽名

を使い、機関は「南方企業調査会」の看板を掲げて大磯の山下汽船社長・山下亀三郎《やましたかめさぶろう》の別邸に設置された。

発足後、はじめに着手したのは**人材の確保と育成**である。ビルマ工作を成功させるには、アウンサンの部下となる多くのビルマ人が必要となる。そのため、鈴木は当時友好国であった泰国（タイ）のサイゴンに前線基地を置き、最大の抗英勢力であるビルマのタキン党から30人の活動家を海南島へ脱出させ、訓練を施した。訓練内容は、無線技術、潜入技術、戦闘のノウハウなど多岐にわたり、アウンサンと指揮官適性に優れた活動家には、戦闘指揮の高等技術も教えた。

訓練は1941年半ばには終わり、当初の計画通りにいけば、アウンサンらはビルマへ戻り、日本の支援を受けつつ活動を始めるはずだった。ビルマ南方で同志を増やして主要都市のテナセリウム（現在のタニンダーリ）を拠点に各地へ運動の輪を広げ、イギリス人をビルマ全域から追放。同時に独立を果たし、援蒋ルートを破壊する予定だったのである。

しかし、これらの計画が実行されることはなかった。対米英開戦の決定により、日本軍の南方進出が決定したからだ。

陸軍に協力したビルマ義勇軍

1941年12月8日の開戦で、イギリス領のビルマも日本軍の侵攻対象となり、内部から崩壊させる必要はなくなった。アウンサンは「ビルマは我々に任せて、日本は影から援助する程

反英運動に参加したビルマの活動家たち。前列中央に座るのがアウンサン

度に止めてほしい」と鈴木に願い出たとされているが、鈴木に作戦を変更させる権限はなく、南機関は南方軍所属の第15軍に組み込まれた。

ただ、日本軍のビルマ侵攻に先んじて、鈴木はビルマ人で構成された特別部隊の編成を決定している。部隊はビルマ人青年の志願兵で構成され、鈴木は指揮官、アウンサンは高級参謀となり、1942年1月からの日本軍侵攻に合わせて攻撃を開始する。部隊の名前は**「ビルマ独立義勇軍（BIA）」**。現在のミャンマー軍の母体となる部隊は、こうして結成された。

イギリス植民地軍の準備不足もあり、BIAは日本陸軍との共闘によって3月には早くも首都ラングーンを占領した。注目すべきは、鈴木が行軍中に、白のビルマ服姿で白馬に乗っていたことだ。現地には、「東方から白馬にまたがった王子がやってきて、国家を蘇らせる」という伝説が植民地化の直後から語り継がれていて、鈴木はこれを利用することで民衆からの支持を得ようとしたのである。

　こうした心理作戦は見事に成功。開戦時には２００人程度だったＢＩＡには、次々と志願者が集まった。そして最終的には、２万人以上の大兵力に成長したのである。こうした日本軍と現地民の協力関係が、イギリス軍の駆逐をよりスムーズなものとしたのである。

裏切りに失望したビルマ人

　しかし、日本とビルマが味方同士でいられたのは、これが最初で最後であった。

　ビルマ解放が成功すると、鈴木は即座に独立させて現地民の支持を確固たるものにすべきと南方軍に打診したが、総司令部が選んだのは軍政による直接統治だった。鈴木は最後まで反対したとされているが、最終的には本土へ左遷され、南機関は１９４２年７月に解散となる。

　独立の約束を信じて戦ったビルマ人は、日本の不義理に憤った。ガダルカナル島撤退から１カ月後の１９４３年８月に独立を許されたが、日本に支配された事実上の植民地でしかなく、国防大臣兼国防軍総司令官に任命されたアウンサンですら、不信感を抱くほどだったという。

　その不信感は最悪の形で噴出した。１９４４年６月、**インパールでの大敗を知ったアウンサンは、日本を見限り反日組織「反ファシスト人民自由連盟（ＡＦＰＦＬ）」を密かに結成。**

　１９４５年３月、日本からの要請で出撃したと

1942年、日本軍とビルマ独立義勇軍の侵攻でイギリス軍下のラングーンが陥落。だが、独立の約束を守らず植民地的な政策をとる日本に不信感を募らせたビルマ独立義勇軍のアウンサンは、反日組織である反ファシスト人民自由連盟を結成。1945年にイギリス軍と協働して日本に反旗を翻した。

見せかけたアウンサンは、部隊を止めてイギリス軍とコンタクトを取り協力を約束。そして進路を反転させ、日本軍へ銃口を向けたのである。

鈴木が築いた協力関係は完全に決裂し、アウンサンの蜂起でビルマ戦線は崩壊した。

ちなみに、終戦後もイギリスはビルマ独立を許さず、アウンサンは１９４７年の暗殺事件で命を落とした。跡を継いだウー・ヌらの闘争と交渉で、翌年にビルマ連邦として悲願の独立を達成したが、その後、軍部による独裁政権が続いてしまった。２０１５年には民主化運動が実を結び、アウンサンの娘であるアウンサンスーチーがトップに就いている。

では、南機関の活動は無意味だったかといえばそうではなく、**鈴木らの尽力で育った活動家がビルマ独立を果たした**ことも事実である。

東機関

【マンハッタン計画を探った外務省の秘密組織】

中立国を拠点とする諜報機関

戦争を有利に進めるためには、敵国の内情を知ることが重要だ。太平洋戦争前の日本は、アメリカ各地の在外公館を通じて情報を得られたが、開戦によりアメリカ内の施設は次々と閉鎖。情報収集活動は極めて困難となった。

こうした事態に対処するため、日本の外務省はある抜け道を使った。**中立国に特別機関を置き、情報収集の拠点にした**のである。特に右派勢力が牛耳るスペインは中立国の中でも日本とドイツに協力的であり、外務省は在スペイン公使・**須磨弥吉郎**《すまやきちろう》へ、この国に諜報機関を設立することを命じた。こうして1941年12月22日に誕生したのが「**東機関**《とうきかん》（**TO機関**）」だ。

須磨が組織設立時に協力を要請したのは、スペイン人の**アンヘル・アルカサール・デ・ベラスコ**である。元々闘牛士であったが、28歳のときに右派勢力に反発して逮捕。反逆罪で死刑となるところを、釈放を条件にスペイン政府のスパイとなった人物であった。第二次世界大戦開戦直後はイギリスで活動していたが、評判を聞いた須磨に協力を要請され、組織の設立に関わったのである。なお、日本への協力はベラスコの独断で行われたものであり、スペイン政府

東機関を指揮した外務省の須磨弥吉郎。太平洋戦争開戦後、東機関は中立国を拠点にアメリカの情報を集めた。

が正式に協力したわけではないとされている。

東機関のスパイは12人とされているが、正確な数は現在も不明。ベラスコが養成したスパイは、アメリカの東海岸に6人、西海岸に6人が侵入し、支援員も続々と増員されて情報収集に当たった。このうち、ワシントン近辺のスパイはアメリカの目を集中させるための囮で、本命は西海岸の大都市だったという。しかし、機密組織である関係上、大規模な人員派遣はできず、スパイ網が完成したのは開戦半年後の1942年半ば頃だった。

マンハッタン計画の情報の流出

日本がベラスコに求めたのは、兵器の開発・生産状況の推移や国民生活の様子、そして各軍

港での艦隊動向の調査である。中でも重視されたのは軍港の監視で、太平洋方面へ出撃する艦隊や輸送船団の情報は、スペイン人スパイにより外務省へ逐一流されていた。

しかし、アメリカ国内から通信を送ると、連合軍に察知される恐れがある。そのため、入手した情報は特異な方法で送られていた。判明している手段は、まずスパイ自らが中立国のメキシコへ一旦逃れ、大西洋で待機中の工作船へと移り、そこからスペインの本部へ送信するというものだ。一度中立国へ逃れることで、傍受の可能性を低くしようとしたのだろう。もちろん、これらの活動資金や装備の調達は日本が負担。資金は当初4000ドルと微々たる額であったが、最終的には50万ドルにもなったとされ、アメリカ国内の協力者などへの謝礼もその中から捻出されている。

ここで気になるのは、具体的な収集法についてだが、その方法は極めて直接的かつシンプルだった。例を挙げれば、軍港周辺を目視で監視する、軍人と友人になって情報を聞き出す、目標の工場に工員として忍び込む、さらには神父に変装して教会に来た兵を利用するスパイもいたという。これらの手段は実に効果的で、軍港の様子を常時発信したのみならず、**重要作戦の機密すら入手していた**のである。

例えば、ミッドウェー防衛に参加予定の空母が出港したこと、ガダルカナル島へ近日中に大規模攻勢が掛けられ、アメリカは不退転の覚悟で臨むことなど。そして最も注目すべきは、**マンハッタン計画の詳細すら掴んでいた**ことだ。原爆開発を看破したのは青年スパイのロヘリオ

ガダルカナル島に放置された日本軍の輸送船と特殊潜航艇。東機関によってガダルカナルへの大規模攻勢の情報がもたらされていたが、情報は有効活用されずに日本は押され、島から撤退した。

とレアンドロだといわれ、ベラスコのスパイ網は想像以上に強固だったと見られる。

しかし、ベラスコが尽力したにもかかわらず、**当の日本は機関の報告をほとんど無視していた**。ミッドウェーでは空母はいないと思い込んで奇襲を許し、ガダルカナルでは小規模侵攻と決め付け部隊を小出しにして敗北。原爆開発は流石に警戒したといわれているが、軍港における出入港も、目的や航路を分析せずに輸送や侵攻を許すことが多かった。

日本軍が東機関を重視しなかったのは、本土やアジア方面の機関を優先したことや、軍内部の情報軽視が大きいとされている。そして、組織はアメリカ諜報組織によるスパイ暗殺や拠点襲撃によって、１９４４年に壊滅する結果となったのだった。

【国民党政府の弱体化をはかった】

土肥原機関

大陸に生まれた特務機関

1931年9月18日深夜、中国・満州の柳《りゅう》条《じょう》湖《こ》付近で、日本が経営する南満州鉄道の線路が爆破される事件が起こった。満州の奉天に駐留する日本軍は、爆破を中国軍の仕業として直ちに軍事行動に着手。だが、この「柳条湖事件」は中国と戦端を開くため、日本陸軍の幹部が仕組んだ企てとされ、その目的は豊富な鉱山資源などを持つ満州の占領にあった。

この柳条湖事件を契機に「満州事変」が勃発。日本は中国と約15年の長きにわたり戦火を交えることになる。だがそこには正規軍だけでなく、諜報活動などの特殊任務を遂行する特務機関の暗躍もあった。

基本的に、戦地での諜報活動は軍情報部の役割とされているが、戦況によっては要人暗殺や破壊工作など、表向きにはできないダーティな任務が発生する場合もある。特務機関は、そんな裏の仕事も請け負う組織である。

満州においても特務機関は組織されたが、当初は満鉄の警備などの限定された任務であった。だが、柳条湖事件以後、満州全域に日本の支配が及ぶようになると、高度な情報収集や現地民の懐柔など、正規の陸軍だけでは手の回ら

柳条湖付近で爆破された南満州鉄道線路。関東軍は中国側によるものと判断したが、実際には関東軍の自作自演で、被害もたいしたものではなかった。

ない任務に当たることになったのだ。

中でも**中国の国民党政府に対し徹底的に揺さぶりをかけた**ことで有名な組織が、**「土《ど》肥《い》原《はら》機《き》関《かん》」**だ。大陸で不審な事件が起きると「土肥原機関が裏で糸を引いている」と噂されるほど、その謀略志向は突出しており、１９３７年に始まった日中戦争でも数々の特務作戦の指揮を執ることになった。だが、この組織は**「謀略のプロ」と呼ばれた機関長・土《ど》肥《い》原《はら》賢《けん》二《じ》陸軍大佐**を抜きにして語ることはできない。

陸軍きっての謀略家

土肥原賢二は１８８３年に岡山県で生まれ、陸軍大学校卒業後は参謀本部付で北京に常駐。中国語が堪能で、１９２０年に日本領事館が中

国の軍艦に砲撃された事件の調査のため、現地に派遣された。その際、中国当局は無関係を装ったが、土肥原は石炭の消費記録簿に目を付けて中国側のウソを看破し、賠償金を支払わせたのだ。このような実績もあり、土肥原は陸軍随一の中国通として知られるようになった。

　また、日本軍は傀儡国家をつくるべく、満州の天津で蟄居していた清王朝最後の皇帝・愛新《あいしん》覚羅溥儀《かくらふぎ》を担ぎ出し、1932年3月1日「満州国」の建国を宣言するが、その**溥儀を天津から脱出させる中心的役割を果たしたのも、土肥原**だとされている。実際、当初は躊躇した溥儀も、「日本は、ただ満州人民が自己の新国家を建設するのを援助するのみ」という土肥原の言葉を信頼して決意したと、後に語っている。

　溥儀擁立以外にも、土肥原は1935年に「土肥原・秦徳純協定」という大きな謀略を成し遂げている。これは満州に隣接する華北地方から国民党の勢力を撤退させる協定で、いわゆる「華北分離工作」の一環だが、これも土肥原の対中交渉術があっての締結だと言えるだろう。

　やがて土肥原はその手腕を買われ、最盛期には約4000人の要員を抱えていた「ハルビン特務機関」や「奉天特務機関」の長を歴任。そして、1938年7月、上海に設立された大本営直轄の土肥原機関の責任者に就任することになるのである。

血で血を洗う謀略戦

　土肥原機関は、トップの土肥原自身が30年近く大陸で諜報活動を行っていたためか、その

土肥原機関機関長の土肥原賢二（左）と土肥原の工作で天津を脱出し、満州帝国の皇帝となった愛新覚羅溥儀（右）

ネットワークを駆使したと思われる陰謀が目立つ。例えば、馬賊と呼ばれる盗賊集団などを雇って各地の村落を襲わせる工作がそれに当たるだろう。鎮圧のために中国軍が出てくると、今度は「在留邦人を守る」という名目で日本軍を出動させて騒乱を引き起こす。そんな「攪乱作戦」をたびたび行っていたと言われている。

さらに懐柔した現地民を利用して、銀行に取り付け騒ぎを起こすような「マネーテロ」にも手を染めるなど、当時の国民党政府に次々とダメージを与えていった。

これらの策略は実施地域により、コードネームが使用されており、北京では「竹作戦」、上海では「蘭」、重慶への工作は「梅」など植物の名が付けられ、その担当する組織は「竹機関」などと呼ばれていた。

だが、国民党の最高指導者・蔣介石も黙っていなかった。同じ上海の地に、抗日テロを強行する「藍衣社《らんいしゃ》」、さらに国民党幹部の陳果夫・立夫兄弟を中心とする「CC（Central Club）団」を組織し、親日派の要人を次々と暗殺した。

この勢力に手を焼いた土肥原機関は、「ジェスフィールド76号」を設立。これは、上海のジェスフィールド路76号に本部が置かれたことから、その名が付けられた組織だ。「中国人テロには中国人テロを」と、やはり中国人を利用する方針のもと、国民党から寝返った丁黙邨《ていもくそん》などをリーダーに据えたこの組織は、蔣介石派の機関員と熾烈なテロ合戦を展開していった。

抗争は激化の一途を辿り、誘拐した要人の指を切断したうえで郵送したり、また斬り落とした首を電柱にぶら下げたりといった、**酸鼻を極める応酬が繰り広げられることになった。**

このような血生臭い活動が目立ったためか、土肥原機関には命知らずの配下が多かったと伝えられ、元満州馬賊の日本人頭目・小日向白朗《こひなたはくろう》や、後に日本の少林寺拳法の創始者・宗道臣《そうどうしん》となる中野理男《なかのみちお》も所属していたと言われている。

憎悪された「土匪原」機関

このような謀略劇は当然中国側から強い恨みを買い、機関のトップである土肥原は「土匪原」の蔑称で呼ばれていたという。中国からすれば大陸の各地を荒らした土肥原機関など、徒党を組んで略奪や殺人を行う「匪賊《ひぞく》」に他ならなかったということだろう。

それゆえ、戦後の東京国際軍事裁判では中国

毎日新聞

東京裁判　廿五被告に断罪下る

東條、松井、廣田、板垣ら
七被告に絞首刑
無罪は一名もなし

荒木貞夫	終身禁錮刑
土肥原賢二	絞首刑
橋本欣五郎	終身禁錮刑
畑俊六	終身禁錮刑
平沼騏一郎	終身禁錮刑
廣田弘毅	絞首刑
星野直樹	終身禁錮刑
板垣征四郎	絞首刑
賀屋興宣	終身禁錮刑
木戸幸一	終身禁錮刑
木村兵太郎	絞首刑
小磯國昭	終身禁錮刑
松井石根	絞首刑
南次郎	終身禁錮刑
武藤章	絞首刑
岡敬純	終身禁錮刑
大島浩	終身禁錮刑
佐藤賢了	終身禁錮刑
重光葵	七年禁錮刑
嶋田繁太郎	終身禁錮刑
白鳥敏夫	終身禁錮刑
鈴木貞一	終身禁錮刑
東郷茂徳	廿年禁錮刑
東條英機	絞首刑
梅津美治郎	終身禁錮刑

刑の宣告を受けた瞬間の各被告

日本興業銀行

東京裁判でＡ級戦犯として法廷に立たされた土肥原には絞首刑の判決が下された（毎日新聞 1948 年 11 月 13 日）

側の強い要請もあり、**土肥原はＡ級戦犯として法廷に引き出されることになった。**土肥原自身は、大陸進出を目論んだ軍部の方針に忠実に従っていただけかもしれない。だが、土肥原機関を含む三つの謀略組織を統率した土肥原は、中国にとってはテロリストの元締めのような存在にほかならなかった。稀代の謀略家は裁判で死刑判決を受け、１９４８年12月23日巣鴨プリズンで処刑されることとなったのである。

なお、土肥原機関は、１９３９年5月に土肥原が機関長の座を退いた後は、「梅機関」を率いていた影《かげ》佐《さ》禎昭《さだあき》陸軍中将に継承されている。影佐は日中戦争の打開のため、南京に親日派の「汪兆銘政権」を成立させる大役を果たしたが、この影佐中将は、自由民主党元総裁の谷垣禎一の母方の祖父に当たる人物でもある。

【人体実験疑惑も根強い細菌兵器研究部隊】

陸軍731部隊

毒ガス兵器と石井中将

第一次世界大戦は戦車や航空機など、新しく開発された武器が採用された戦争でもあった。その中で強力な威力を発揮したのが、「毒ガス兵器」である。

イギリス人科学者フリッツ・ハーバーによって考案された毒ガス兵器は、少人数で多大な被害を与えることができ、そのうえ相手の兵器には影響を与えない。人間の殺戮だけを目的とし、残された敵の兵器を奪い取ることも可能な、目的に徹した兵器でもあった。ただ、毒ガス兵器の応酬で戦場は地獄と化し、ヨーロッパは荒廃。この反省から1925年6月の「ジュネーヴ議定書」で、毒ガスを含む化学兵器と細菌兵器の使用が禁じられる（ただ、アメリカ、日本はこの議定書を批准していない）。

そんな大戦後のヨーロッパを見て、危機感を覚えた軍医がいる。それが**石井《いしい》四郎《しろう》中将**だ。千葉県出身の石井は京都帝国大学で医学を学び、卒業後は陸軍軍医として東京の第一陸軍病院に配属される。その後、京大大学院で細菌学、血清学、防疫学、病理学などを研究し、1928年には2年間に及ぶ海外視察旅行に出発。帰国後、石井は陸軍省や陸軍参謀本部に対し、**化学**

731部隊の生みの親・石井四郎中将。第一次大戦時、ヨーロッパで化学兵器が使用されたことを受け、防疫の必要性を参謀本部に進言。しかし、実際には防疫研究だけでなく、細菌兵器の研究開発をし、人体実験まで行っていた。

兵器や細菌兵器の有用性を訴え、新しい戦争の形を追求すべきだ、と提唱した。

そんな石井が中心となって設立されたのが「関東軍防疫給水部本部」、通称**「７３１部隊」**である。

ちなみに７３１部隊とは、秘匿名称である「満州第七三一部隊」の略で、初代部隊長となった石井にちなんで「石井部隊」とも呼ばれる。

７３１部隊の任務は疫病の予防と浄水の提供である。

軍隊において疫病の蔓延は致命傷にかかわる。一人が罹患すれば周りの者にも感染し、場合によっては隊が稼動しない状況に陥ってしまう。また、清潔が保たれた日本国内と違い、大陸や南方諸島で生水を飲むことは、最悪の場合命にかかわる。したがって防疫ときれいな水の

提供は軍における重要な課題だったのだ。

戦場における防疫

実際、日露戦争時の日本軍は、戦場における防疫に力を入れた。

当時、病気は「静かなる敵」とも呼ばれ、病死者は銃撃などによる戦死者を大きく上回っていた。例えば、1898年のアメリカ・スペイン戦争では戦死者一人に対し病死者は14人にも達し、日清戦争でも同程度の比率だったとされる。その反省を活かし、日本軍は負傷者の治療のみならず、予防細菌学を戦術計画に取り入れる。そのため、細菌によって腹痛や下痢などの症状が起きないよう、食事の後に服用する「クレオソート」という錠剤が配られた。この、独特の臭いと苦味を持つ錠剤は「征露丸《せいろがん》」と名付けられ、のちに「正露丸」と改められている。

このような経緯もあり、満州に進出した日本軍も防疫には力を注いだ。日本本土と違って満州は衛生状態が悪く、防疫と浄水の供給が欠かせなかったからだ。

そこで1932年に「関東軍防疫班」が満州の地に組織され、1936年には「関東軍防疫部」を新設。1940年7月には「関東軍防疫給水部」に改編され、731部隊がその本部となった。

表向きの任務は先に記したとおりだが、実はもう一つの秘匿任務があったとされる。**「細菌兵器」の研究と準備**だ。

改編時の731部隊には軍人1235人、軍属2005人が所属。研究費は年間約200万

1930 年代の征露丸の広告。細菌による腹痛や下痢を抑えるために開発された。

円で、これは当時の東京帝国大学（現・東京大学）に与えられた予算額に匹敵する。２年がかりで新設された広大な研究施設には、数千人を収容できる宿泊所や管理棟を含めた約１５０の建物のほか、鉄道引込み線や飛行場、運動場などが設けられた。そして**「ロ号棟」と呼ばれる中枢施設の中で行われたとされるのが、「生体実験」**だ。

人間モルモット・マルタ

７３１部隊の細菌研究部門は12以上の班に分かれ、それぞれが様々な細菌の軍事的可能性を研究していたとされる。その効果を実証するのに最も適したものが、動物ではなく人間を使った実験だ。そこで目を付けたのが、関東軍の憲

兵や特務機関に逮捕された囚人たちだった。

スパイなどの容疑で捕らえられた朝鮮人、中国人、モンゴル人、ロシア人やアメリカ人捕虜などが次々に研究所へ送り込まれ実験のための「人間モルモット」として利用されたという。中には「仕事を紹介する」という甘言に誘われた、女性や子どもも実験の対象となった。**被験者たちは「マルタ（丸太）」と呼ばれ、非人道的な扱いを受けたとの証言がある。**

例えば、生きたまま病原菌を植えつけられ、絶命するまでの様子を観察される人がいた。病気に冒された対象者は、食事も与えられず日に日にやせ細っていく。それでも、病原菌の状況を調べるために日に数回、採血がされる。枯れ枝のようになった腕に注射器が刺し込まれ、無理やり血が抜き取られ、やがて絶命することとなる。また、梅毒の効果を調べるために性病を感染させられた妊婦もいて、罹患して生まれた子どもは研究材料として母親から引き離された。子どもが母の手に返されることはなく、その後に解剖されたという。

そのほか、麻酔もかけられずに手術される者、生きたまま内臓が取り出される者などもいて、マルタとされた人たちは苦しみ悶えながら絶命したという生々しい証言が残っている。

その犠牲者の数は、終戦後にソ連と中国が行った調査で3000人以上とされている。

いまだ解明されない真相

しかし、このような人体実験は行われなかったという証言もある。人体実験の実行の根拠は

再建された731部隊の施設（© Leoboudv and licensed for reuse under Creative Commons Licence）

元部隊員など関係者の証言であり、**文書の形での証拠は発見されていない**からだ。近年になりアメリカの公文書が機密解除されたため調査が行われたが、その中にも実験の記録はない。

東京裁判でも７３１部隊の関係者は裁かれていないし（もっとも、これには石井らの研究成果をソ連に先んじて独占しようとしたアメリカが、免責の方針を採ったからだともいわれている）、１９４９年に開かれたソ連の軍事裁判「ハバロフスク裁判」で訴追はされているが、この裁判自体は西側諸国によって「ソ連のプロパガンダ」だとして無視されている。

では、本当に人体実験は行われなかったのか、それともアメリカの思惑で闇に葬られたのか。戦後70年以上が経った現在でも、その真相は解明されていない。

【満州の化学戦研究部隊】

516部隊

禁止された非人道兵器

戦車、戦闘機、火炎放射器など、第一次世界大戦中に発明された新兵器の多くは、現代でも使われている。だが、使用を禁じられた兵器もある。毒ガスに代表される「化学兵器」である。

第一次大戦では両陣営が使用したが、人間を不必要に苦しめる残酷性から1925年のジュネーヴ議定書で規制対象となり、第二次大戦では連合国・枢軸国両陣営ともに実戦投入されることはなかったとされていた。

しかし、この条約には研究行為を禁止しないという抜け道があった。世界各国が裏で化学兵器の開発を続けていたのはこのためで、議定書を批准しない日本もそうした国の一つであった。そして、日本でその役割を担った部隊が、**「516部隊（関東軍化学部）」**だった。

日本の化学兵器部隊と聞けば「731部隊」を連想するかもしれないが、こちらは毒素の強い細菌を利用した生物兵器の研究を重視していたといわれ、**毒ガスなどは516部隊の担当だった**という。とはいえ、部隊が共同研究をすることもあったとされているので、両隊は親戚のような関係だったのだろう。存在が極秘扱いされたことも、共通点である。

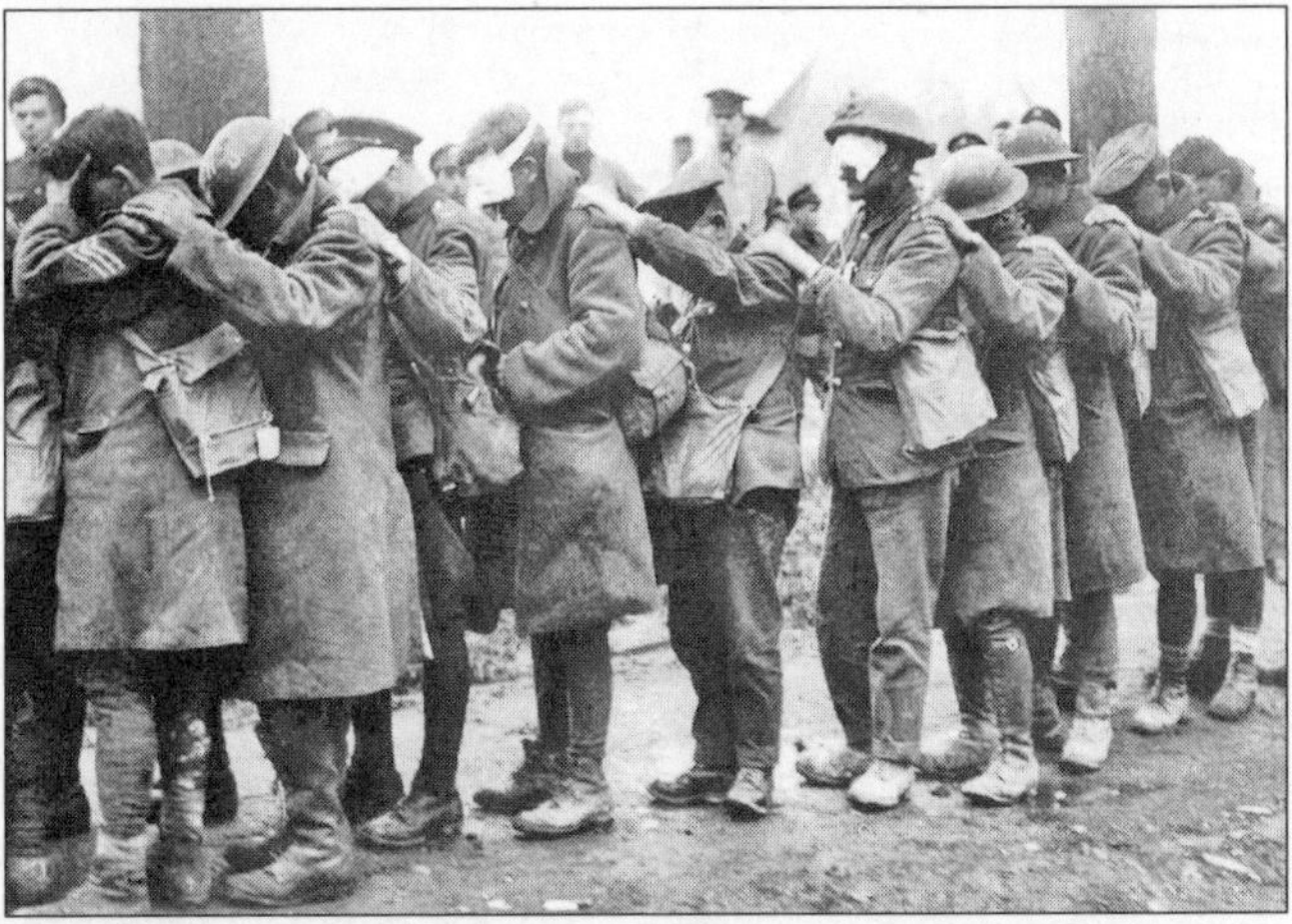

第一次大戦でドイツ軍による催涙ガス攻撃を受けたイギリス兵。終戦後にジュネーヴ議定書で毒ガス兵器の使用が規制されたが、研究自体は禁止されなかった。

そんな516部隊は、1939年に関東軍技術部化学兵器班を再編する形で誕生した。本部は満州のチチハルに置かれ、兵器研究と毒ガスの有効的な使用法の確立などを行った。

現代から見れば非人道的ではあるが、方法はどうあれ、研究そのものは合法だった。しかし、驚くべきことに、**部隊が開発した化学兵器は実際に使われた**ことがわかったのである。

これまではデマや誇張と言われることも多かったが、戦後の研究結果によると、日中戦争時に山東省を中心に毒ガスが使われたことが判明したのだ。使用回数も一度や二度ではなく、終戦までに中国全土で約1000回を超えていたという。ただし、やはり条約違反なので大々的に使われることはなく、**部隊単位での小規模使用がせいぜいで、ガスの種類も非殺傷の催涙**

系がほとんどだったとされている。

習志野学校の真実

毒ガスを研究するには、高度な化学知識が必要だ。そうした研究員を各隊へ供給していたのが、日本本土の**「陸軍習志野学校」**だった。

第一次大戦中に毒ガスの実用化を知った日本軍は、化学戦に備えた研究機関を1932年に設立した。それが、千葉県習志野市に建てられた習志野学校だ。当初は防護策の研究のみを担う小規模な組織であったが、満州事変以後の軍部の権限拡大に伴い人員は年々増加していき、最終的には約1360人を擁する毒ガス研究の中心地となる。

学校では、毒ガス関連の部隊に配属予定の将兵に対する基礎教育、つまりは毒ガスの基礎知識と取り扱い方法、防護法の教育を行い、日米開戦後は実用訓練まで施すようになったという。そして卒業生が最も多く配属された部隊が、731部隊と516部隊だった。さらに、「瓦斯《ガス》兵」として通常部隊へ派遣された兵も多かったといわれている。

それ以外の行き先としては、軍の毒ガス工場が挙げられる。日本軍が毒ガスを生産していたことは今では広く知られており、かつて工場のあった広島県の大久野島《おおくのしま》は、跡地を一部だけ一般公開している。工場配属となった兵は島でガスの量産に携わり、またはガス砲弾を製造していた福岡県小倉南区の曽根製造所での製造作業に当たった。1943年には海軍も神奈川の相模工廠でガス兵器を量産したとされている。ま

広島県大久野島の毒ガス工場跡地。習志野学校の卒業生が毒ガス開発に従事した（© Leoboudv and licensed for reuse under Creative Commons Licence）

さに、毒ガス研究は関東軍の独断などではなく、本土でも組織的に進められた、日本軍の正式な方針だったのだ。

５１６部隊を含めたこれらの組織と施設は敗戦と共に廃止となったが、同時に現代まで続く問題をも残してしまった。**終戦までに生産された、数万発という毒ガスの行方**だ。ほとんどは解散時に処分されたというが、中には海や地中に廃棄されたものも少なくない。２００２年には習志野などの施設跡で土壌汚染が確認された。

それは中国でも例外ではなく、２００３年８月には５１６部隊がいたチチハルの建築現場にて、毒ガス入りのドラム缶を発見した作業員を含む44人の民間人が中毒症状に襲われ、うち１人が死亡する事件が起きている。大戦が残した負の遺産は、現在でも各地で息を潜めている。

【満州の影のボスが率いたアヘン密売組織】

甘粕機関

アヘンが蔓延する中国大陸

戦地においては、敵軍の情報収集や占領地の住民の懐柔、破壊工作などの成否も勝敗の重要な要素となってくる。だが、作戦を実行に移すための資金がなければ、絵に描いた餅となるのは言うまでもない。

1937年に勃発した日中戦争に、日本軍は総勢100万人もの兵力を投入しており、その勢力を経済的に支えるには、国家予算だけではとても不可能だった。そこで**軍費の捻出のために日本軍が目を付けたのが、当時、金と同様の価値があると言われた「アヘン」だった。**

強い陶酔作用と中毒性を持つアヘンは、17世紀頃にオランダの植民地であったジャワ（現インドネシア）から中国に流入すると、またたく間に大陸に広がっていった。1840年にイギリスが仕掛けたアヘン戦争もあいまって、中国では労働者階級のみならず政府高官までが虜になり、一時は人口の半分ほどがアヘンを吸引していたとも伝えられる。日本の軍部はこの国情を利用したのだ。

中国攻略の拠点となった満州は、アヘンの原料である「芥子《けし》」の一大生産地でもある。日本軍はこの地に傀儡政権を樹立させると、アヘン

満州の影のボスと言われた甘粕正彦。日本で憲兵として活動した後、満州に渡って甘粕機関を設立。日本政府の関与のもと、大陸を相手にした国家規模のアヘンビジネスを牛耳った。

の独占を図るべく満州国政府に「専売局」を設置。国策として麻薬の売買に乗り出すことになる。そして、このアヘンビジネスを裏で操っていたのが、「満州の影のボス」と呼ばれた**甘粕《あまかす》正彦《まさひこ》**と彼の率いる**「甘粕機関《あまかすきかん》」**だった。

満州の夜は甘粕が支配する

どんな商材であっても、販路を拡大するには流通ルートの確保が不可欠だ。そのためには様々な人的ネットワークが必要となってくるが、甘粕機関は、地元の犯罪組織から満州国の高官まで、幅広い人脈と密接な結びつきを持っていた。その理由として、機関長である甘粕の存在によるところが大きいとされている。

１８９１年宮城県に生まれ、憲兵将校の道を

歩んでいた甘粕正彦。その名が世間に知れ渡ったのは、1923年9月に無政府主義者・大杉《おおすぎ》栄《さかえ》と妻の伊藤野枝《いとうのえ》、さらに7歳の甥までをも虐殺した、いわゆる「甘粕事件」によってだ。

ただ、当時の軍部は、大正デモクラシーの自由な気風を背景に台頭してきた無政府主義者などの存在に神経を尖らせており、大杉を危険分子と見なしていた。そのため、この事件は軍による組織的犯行だとの説もある。

ともあれ、大杉一家を殺害した罪で服役した後、甘粕は軍を離れ、1930年に中国へ渡る。そして、満州唯一の政治団体である「協和会」の総務部長に就任。また、大陸の右翼組織「大《だい》雄峯会《ゆうほうかい》」に出入りし、メンバーの一部をスカウトして民間の甘粕機関を創設した。

一民間人となった甘粕にこのような活動が可能だったのは、後に首相となる東条英機との深い繋がりのためだと言われている。甘粕は陸軍士官学校で1年半指導を受けており、東条の一番のお気に入りであったという。満州での一連の行動に、何らかのサポートがあったと考えても不自然ではないだろう。

やがて甘粕機関は、爆弾テロや満州国皇帝となる愛新覚羅溥儀の擁立など、数々の裏工作に携わることになる。中でも、アヘンの密売では主導的な役割を果たした。その権勢は絶大なものとなり、**「満州の昼は日本軍が支配し、夜は甘粕が支配する」**とまで囁かれるようになった。

アヘン密売での役割

だが、アヘン戦略は、当時すでに国際条約違

甘粕事件の眞相
大杉榮外二名殺害
軍法會議檢察官談
大杉と野枝女
父は軍人
また不通
足らはぬ生活も
隣人の情
人間味
惡戯好き
姉御肌の野枝女
ベルリンで
追悼會
事務局の衣類も
今月中に五万枚
毛絲の不足

甘粕事件を報じる新聞記事（東京日日新聞 1923 年 9 月 25 日）

反の対象となっていた。そのため、満州国政府も専売局を立ち上げながら、同時に「禁煙総局」というアヘンの取締り部門も開設するなど、国際情勢には相当気を使っていた。

それゆえ、あくまでも民間で運営されていた甘粕機関は、事実上、**国家が企てたアヘンビジネスの格好の隠れ蓑**となった。実際、甘粕が担った役割も、表面化すると不都合な流通部門を仕切ることだったのだ。

生産者からアヘンを買い上げる役目は、民間の「里見機関」が請け負い、その里見機関と満州国政府、さらに政府と消費者の間に甘粕機関が位置していたと言われている。甘粕機関は複数のダミー会社を経て、アヘンを取引していたとされているが、その組織作りや人材集めも、憲兵上がりで裏社会の情報を嗅ぎ取る能力に長

けた甘粕にはうってつけの役目だったようだ。

また日本軍も、生産地の警備や、満州に他の地域からアヘンを持ち込ませないための監視を行っていた。つまり、**甘粕機関は軍事力をバックに付けた密売組織**と言え、そのため「甘粕が牛耳っている満州のアヘンに手を出せば命はない」と恐れられていたという。

結果、満州国が誕生した1932年からアヘンによる歳入は年々ほぼ倍増し、1939年には1億2000万円という膨大な額に上っている。現在の価格に換算すると、おおよそ880億円にも相当し、当時の満州の国家予算の6分の1にも達する規模だ。そして、このアヘン絡みの資金は膨張し続ける軍事・工作費に充てられることになったが、一部は甘粕を介して東条に供与されたとも伝えられている。

裏に隠されたもう一つの顔

また、甘粕機関が集めたアヘンは資金調達だけでなく、**敵や現地民の懐柔**にも大きな役割を果たすことになった。

買収工作と聞くと札束や女性を連想する人がいるかもしれないが、大陸における常套手段はアヘンであった。例えば、中毒者にアヘンを与え、国民党の支配地域で暴動を指示する工作がそうだ。このような謀略はきわめて効果が高かったため、幾度となく実施された。そのため中国人の中には、日の丸の国旗をアヘンの商標と勘違いする者もいるほどだったという。

中毒末期には、骨と皮だけになるほど肉体を蝕むアヘン。この麻薬を大陸にばら撒いた甘粕

満州の政府庁舎。建国当時は13万人だった人口が、1939年には37万人に増加。しかし、敗戦によって満州国は消滅し、影の支配者甘粕も自殺をとげた。

機関に、悪逆非道の誹りは免れないだろう。だが、**甘粕は満州国を建国し、文化的水準の高い国家に育て上げることも志していた。**

甘粕自身も、絵画や音楽を愛する教養のある人物と評されていて、１９３９年には満州映画協会の理事長に就任している。それまで薄給だった満州人スタッフの給料を大幅に引き上げるなど、社員を大切にする側面もあった。

だが、やがて日本は敗戦を迎え、満州国も消滅。目標を失った甘粕は、自らが裏から建国に携わった満州国に殉じることになる。甘粕が青酸カリによる服毒自殺を遂げたのは終戦の５日後、１９４５年8月20日のことだった。

辞世の句は「おおばくち　もとも子もなくすってんてん」。満州国の運命と自身の人生を重ね合わせ、この句を残したとも考えられる。

【戦争末期に誕生した海軍の秘密部隊】

呉鎮守府101特別陸戦隊

日本を壊滅させた爆撃機

1944年6月、日本の敗北を決定づける航空機が本土上空に飛来した。「超空の要塞」と呼ばれたアメリカ軍の新型爆撃機「B29」だ。最大航続距離約9700キロ、最大約9トンの爆弾搭載を実現したのみならず、1万メートルという、当時の戦闘機では迎撃困難な高度を飛行可能な、まさに第二次世界大戦時、最強の爆撃機であった。

このB29の完成で、アメリカ軍は日本列島の直接攻撃が可能となったが、中国基地から攻撃していた当初は、日本の被害は九州の一部に留まっていた。しかし、9月に占領が完了したマリアナ諸島へ爆撃隊が進出すると、主要都市のほぼ全てが空襲の射程内に収まったのである。

日本軍も新型の局地戦闘機（防空を目的とした地上基地用の戦闘機）や高射砲（対空砲）での迎撃を試みるが、高高度から無尽蔵に現れる爆撃隊に対しては効果が薄かった。その結果、国民の財産や生命が奪われ、工場などの施設や住居が焼き払われ、日本の生産力は着実に失われていった。

そうして日本は敗戦へと追い込まれていったのだが、その裏で**B29を打倒する秘密作戦が実**

マリアナ諸島テニアン島から日本へ出発する爆撃機 B29

行されつつあったことは、あまり知られていない。**作戦目標は、爆撃隊ではなく発進基地のマリアナ諸島そのもの**。そして、作戦の主力とされていたのが、海軍の特殊工作部隊**「呉鎮守府《くれちんじゅふ》第１０１特別陸戦隊」**だった。

海軍の陸上用部隊

陸戦隊とは、文字通り、陸上での戦闘を想定した海軍の歩兵部隊である。

その始まりは日本海軍誕生時にまで遡る。明治時代の海軍創設時、すでに陸戦用の部隊が設立されていたが、陸軍の規模拡大に伴い１８７６年に一旦廃止されていた。しかし、上陸戦や海岸沿いの地域などで陸上兵力が必要となるたびに随時編成され、日中戦争時には「上

海海軍特別陸戦隊」が組まれ、中国沿岸部や海南島で戦った。

簡単に言うと、**米軍の「海兵隊」のような部隊**だが、数万人規模の常備兵力や独自の航空隊を保有する海兵隊とは違い、陸戦隊は状況に応じて乗員や非番の兵を招集して編成される臨時部隊でしかなかった。日米開戦の前年に、上陸戦用の常備兵力を整備すべきとの意見が出たともいわれているが、結局は艦隊決戦用の艦船拡充が優先されたといわれている。

だが、そうした陸戦隊の中でも、101陸戦隊は一際異様な部隊であった。呉鎮守府で体格のいい海兵が集められたのはまだ普通だが、興味深いのは隊員の外見や訓練内容がアメリカナイズされていたことだ。

隊員は必ず英語や英会話のレッスンを受けさせられ、さらには服装がアメリカ軍の軍服に酷似していたのみならず、当時は禁止されていたはずの長髪すら許されていたのである。なぜアメリカの影響が色濃く反映されたのかといえば、それは101陸戦隊が**アメリカ軍陣地での活動を目的とした**からだ。

隊長の山岡《やまおか》大《だい》二《じ》少佐の名前から「山岡部隊」とも呼ばれたこの部隊は、**敵地へ侵入し、後方かく乱を実行するために設立された**。訓練が終了すると、部隊は潜水艦などで敵地へ侵入してから日系人に扮して各地へ潜伏し、ゲリラ戦によってアメリカ軍を疲弊させることになっていた。そうしたゲリラ戦術を身につけるために、戦闘訓練は夜間の山岳地帯で行われたという。

しかし、時期が悪かった。部隊が設立されたのは1944年。すでにアメリカ軍は反撃体制

移動する陸戦隊員たち。作戦に応じてさまざまな陸戦隊が編成された。

を整え、日本軍が各地で劣勢を強いられていた頃である。侵入作戦に割ける潜水艦はほとんどなく、仮に用意できても制海権を掌握されていたため、敵地に接近できず沈められることは明白だった。アメリカ本土への侵入も計画したとされているが、結局は実行されず、部隊は呉に留め置かれる日々が続いたのである。

ところが、そんな101陸戦隊に活躍のチャンスが巡ってきた。B29の壊滅を目指す機密作戦への参加を命じられたのである。

マリアナ諸島への特攻作戦

半年以上の本土防空戦によって、軍部は防空攻撃によるB29の撃退は不可能と判断。決死の反撃作戦を1945年春に承認する。その内容

は、発進基地のマリアナ諸島を攻撃して、爆撃隊の出撃を食い止めようとするものであった。

しかし、当時の日本軍に日本とマリアナ諸島の間を往復できる航空機は少なく、よしんば往復できたとしても、護衛機を付けられないので爆撃による基地無力化は不可能とされていた。

そこで発案されたのが、**航空機で夜間にマリアナ諸島へ強行着陸し、工作部隊の破壊活動で無力化する**作戦だったのだ。

この機密作戦は**「剣作戦」**と名付けられ、工作部隊に１０１陸戦隊が選ばれた。しかし、夜間とはいえかなりの迎撃が予想され、仮に部隊を送り込めたとしても回収の可能性は低い。では、作戦終了後はどうするかといえば、やはり玉砕するしかなかっただろう。つまり、一応は通常作戦とされてはいたが、「剣作戦」は事実上の特攻作戦だったのだ。

未遂に終わったマリアナ攻撃

作戦の決行は１９４５年7月末を予定していた。１０１陸戦隊は青森県三沢基地への移動を命じられ、決行日には30機の「一式陸上攻撃機」に乗り出撃するはずだった。ところが7月14日、三沢基地がアメリカ機動部隊の空襲を受けてしまい、作戦用の機体を多数破壊されてしまった。そのため、機体不足で作戦は延期を余儀なくされ、決行日は8月20日前後とされた。

作戦延期に伴い、海軍は機体をかき集めると同時に投入兵力を拡充。陸軍の落下傘部隊約３００人と約70機の「銀河」爆撃機で構成された、支援用爆撃隊の参加も決定した。

剣作戦に参加し 101 陸戦隊を支援するはずだった「一式陸上攻撃機」（上）と「銀河」爆撃機。ポツダム宣言受諾によって部隊が実戦投入されることはなかった。

さらに、8月6日と9日の原爆投下を受けてアメリカ軍の核貯蔵施設の捜索と破壊も任務に加えられ、作戦の重要性は一層高まった。すでに、マリアナ諸島周辺の状況は捕虜から得た情報で把握しており、心配された基地への再空襲もなく、後は作戦決行を待つだけだった。

しかし、１０１陸戦隊がマリアナ諸島で戦うことはなかった。決行前の8月15日に日本政府がポツダム宣言を受諾したことで、戦争が終結したからだ。これによって、**部隊は一度も実戦を経験することなく解散した**のである。

結果的には宝の持ち腐れとなってしまった１０１陸戦隊だが、特殊作戦用の部隊を創設するという着眼点は間違っていない。もし、もう少し早く設立・運用されていれば、日本初の特殊部隊として活躍できたかもしれない。

【日本陸軍初の特殊部隊となるはずだった】

満州第５０２部隊

満州発の特殊部隊の卵

１９４１年、アフリカ戦線で苦戦していたイギリス軍は、ドイツ軍陣地へ侵入して、指揮官暗殺や施設破壊を目的とする部隊を設立。それが世界初の特殊部隊とされる「ＳＡＳ」である。

枢軸国は、こうした特殊部隊を持てなかったとされてきたが、日本軍は設立に成功しかけていた。それが、陸軍の**「満州第５０２部隊」**だ。

日米開戦が近づく１９４１年11月、対ソ開戦を危惧する日本陸軍は、関東軍に敵地工作を主任務とする新部隊編成を指示した。それに従い新設されたのが、５０２部隊である。

数千人単位で編成される通常の連隊に対し、精鋭による遊撃戦を想定した５０２部隊の隊員数は約３００人のみ。隊員は他の部隊から引き抜いたベテランのみで構成されていた。

部隊の本部が置かれたのは満州の吉林。**対ソ開戦時には敵地での破壊工作を行う**ことになり、橋梁や後方陣地の爆破を実現するべく、隊員への訓練はまさに苛烈を極めていた。夜間・寒中の行軍訓練から軽装備での山岳踏破、時には30キロ以上の装備を背負って１日約80キロの行軍を強いることもあったという。中でも、爆発物の取り扱いや目標施設の破壊法などは徹底

ジェット気流にのる風船爆弾（左）とおもり・爆弾部分（右）。502部隊では爆弾としてではなく敵地侵入兵器として気球を使った訓練が実施されていた。

して叩き込まれ、橋を模した施設と模擬弾を使った実戦演習もよく行われたという。
　その一方で、ユニークな戦術訓練も取り入れていた。それが、**気球を使って敵陣に侵入する訓練**だ。航空機より静かで隠密行動に適するとして研究が始められ、１９４４年５月には隊員に搭乗飛行させる**「き号演習」**が実施されている。しかし、気球は気流の影響を受けやすく、重りや排気弁を操作しても、思い通りに操縦するのは極めて困難。演習でも隊員の１人が危うく遭難しかけており、結局、１９４５年８月のソ連侵攻でも気球が使われることはなかった。

発揮できなかった実力

　１９４４年３月、そんな５０２部隊に転機が

訪れた。部隊の拡充再編が決まり、遊撃戦の専門家・鶴田国衛少佐が着任したのである。

鶴田は陸軍中野学校の元教育主任で、日中戦争初期の経験を元に「遊撃戦教典」というノウハウ本の基礎を作った実績の持ち主だ。

同年4月の会議では、鶴田を含む関東軍の幕僚の多くが、日ソ戦はソ連の先制で始まると予想して、橋や線路の破壊で進軍を遅らせ、主力部隊が準備を整えるまでの時間を稼ぐ部隊が必要であると結論が下された。まさに502部隊の任務内容そのものである。

対ソ戦に向けて「機動第一旅団」が発足すると、502部隊も編入が決定。総兵力は旅団全体で約6850人を数え、初期の300人体制と比べて約20倍以上の規模となったのである。

しかし、やはり対ソ用部隊なので、対米・対英を中心とする戦闘に出撃する機会は巡ってこなかった。1944年の6月に、502部隊へ釜山港からの出撃命令が下ったことはあったが、港への到着後に中止となって吉林へ帰還している。中止の理由は現在も不明だが、アメリカ軍が攻撃中のマリアナ諸島への援軍として派遣されるところを、関東軍が虎の子部隊の引き抜きを嫌って猛反対し、やむなく中止したとの説が有力である。

1945年に入ると、ドイツが敗北寸前となったことで満州沿いのソ連軍が日々増員され続け、関東軍ではソ連参戦の時期に関する議論が白熱していた。ソ連が同年4月に不可侵条約を破棄したので8月中に始まるとする者もいたらしいが、大半は部隊の集中と補給にかかる時間に鑑み、参戦は9月から11月の間と結論付け

関東軍最後の司令・山田乙三大将。持久戦をとる案もあったが、日本がポツダム宣言を受け入れたことでソ連に降伏。対ソ戦を想定した特殊部隊・満州502部隊も、本来の役割を果たさないまま、最期を迎えた。

られてしまった。

しかし、関東軍の予想は外れた。ソ連は長崎に原爆が投下された8月9日に宣戦を布告し、満州へ押し寄せたのである。

ソ連軍の満州侵攻に対して、502部隊を含む「機動第一旅団」は有効な手を打てなかった。奇襲攻撃だったことで、ソ連軍へ特殊作戦を仕掛ける余裕がなく、通常部隊としての戦闘を余儀なくされ、8月12日には小規模な橋梁爆破が行われたが、進軍を遅らせることは叶わなかった。夜間強襲で抵抗したが、**圧倒的物量のソ連軍には太刀打ちできず、多数の戦死者を出しつつ9月3日に本土からの武装解除命令に従い投降**。陸軍初の特殊部隊となるはずだった彼らは、訓練の成果を発揮することなく終わってしまったのである。

1937年2月26日に決起した反乱軍を鎮圧するため進軍する兵士たち

第2章 日本の歴史を動かした陸海軍の派閥と組織

【五・一五事件を引き起こした海軍将校の集まり】

王師会

軍事政権樹立を目指せ

1932年5月15日日曜日、その日は快晴で、うららかな行楽日和だったという。だが、そんな春の陽気を一変させる凄惨な事件が勃発した。それが時の首相・犬養毅の暗殺事件、いわゆる**「五・一五事件」**だ。

武装した一団が首相官邸に車で乗り付けたのは午後5時半頃、正面玄関から乱入し客間で犬養に拳銃を突き付けた。「話せばわかる」、そう呼びかける犬養。だが襲撃者は「問答無用!」の言葉とともに発砲する。弾丸は腹やこめかみに直撃し、76歳の老宰相は手当の甲斐もなく落命。わずか十数分の出来事だった。

現役の総理大臣暗殺に、日本中は騒然とした。だがそれ以上に、事件の首謀者が海軍の若手将校で、軍事政権を中心とする国家への転換を図っていたことに人々は驚いた。

背景にあったのは、政府に対する軍部の不満であったとされている。1930年の「ロンドン海軍軍縮会議」で補助艦保有量の割合を引き下げられ、翌年の「ワシントン軍縮会議」でも主力艦の建造を休止する「海軍休日」が締結。そのため活動の制限を余儀なくされた海軍将校たちは、協定を決定した政府に不満をくすぶら

東京日日新聞

帝都震駭の不穏事件

犬養首相遂に逝去
けふ内閣總辭職
取敢へず藏相を臨時首相に
深夜親任式行はる

手榴彈とピストルで
六ケ所を同時に襲撃
疾風迅雷的なその計畫

首相狙撃の刹那
正門、裏門より突入し
「撃てッ」の號令一下

五・一五事件を報じる新聞記事（東京日日新聞）。事件を起こした海軍の青年将校は軍部の権威向上を唱える「王師会」のメンバーだった。

せていた。実際、協定の影響を受けて、海軍兵学校の53期生の人数はそれまでの250人から一気に50人にまで縮小されていた。

また1931年に起こった満州事変で、日本軍は大陸への進出拡大を続けていたにもかかわらず、犬養首相は中国との関係修復を画策していた。そのような軍部を無視した弱腰外交への憤りが一気に噴出したのが五・一五事件だった。

しかも、事件を起こした青年将校たちは一時的に集まった軍人ではない。彼らは**事件の4年前に結成された「王師会《おうしかい》」のメンバー**であった。

藤井斉の過激な演説

王師会は、**藤井《ふじい》斉《ひとし》海軍少佐**を中心として1928年3月に結成された、海軍初の革新行

動組織である。思想家・北一輝《きたいっき》の『日本改造法案大綱』を愛読していた藤井は、**「アジアの解放」の思想に強く傾倒していた。**

藤井に関しては、海軍兵学校時代にこんなエピソードが残っている。後に総理となる軍令部長・鈴木貫太郎が来校した際、代表に選ばれた藤井は、「アジア民族を結集して白人の支配を打破すべし」という過激な内容の演説を行ったのだ。さらに藤井が例の53期生ということもあってか、軍縮協定も徹底批判。それまでは当たり障りのない作文を読み上げるのが通例だっただけに、教官も胆を冷やしたという。

五・一五事件で警視庁を襲撃した古賀清志《こがきよし》海軍中尉や、犬養首相に「問答無用」と怒鳴ったとされる山岸宏《やまぎしひろし》海軍中尉らは、この演説に感銘を受けて藤井の同志になったと言われている。その後も藤井は、士官の下宿先などを訪ねては結束を呼びかけ、王師会には50名近くの若い将校が集うようになった。

また王師会は、陸軍の青年将校とも連携を深めていく。藤井の唱えるアジア解放は、大陸政策を推し進めていた陸軍では半ば公認されていた思想で、実現のために軍事権を掌握すべしという理念も、多くの青年将校を惹きつけた。

王師会の大きな誤算

藤井率いる王師会は、政府に揺さぶりをかける切り口をロンドン軍縮会議に見出した。条約の協定が、軍の統帥権を持つ天皇の許可もなく決定されたことを問題視したのである。全権大使である海相・財部彪《たからべたけし》が帰国した際「売国全権

アジアの解放を掲げた思想家・北一輝（左）とその思想に共感し王師会を結成した海軍の藤井斉少佐（右）

財部を弔迎す」と書いた幟を突きつけ、海軍次官のもとへ直談判に押し掛けるなど、強硬な抗議活動を行い、軍内での存在感を高めていく。

だが、勢力を拡大し続けるように思えた王師会に、思わぬ落とし穴が待ち受けていた。その一つは、犬養内閣に青年将校から絶大な支持を集める荒木貞夫大将が陸相として入閣したことで、陸軍が手を引いたことだった。陸軍の将校たちは、荒木がいれば自分たちの声が政治に反映されると思い、王師会に見切りをつけたのだ。

さらに追い打ちをかけたのが、藤井の死だった。1932年1月、第一次上海事変に航空隊員として出征した藤井は、中国軍の対空砲火を受け、異国の空で帰らぬ人となってしまった。

陸軍脱退による戦力ダウンと藤井喪失の影響は大きく、五・一五事件の計画もずさんなもの

となった。犬養首相の暗殺は果たしたものの、別働隊が起こした銀行や東京都の変電所などへの襲撃は軒並み失敗。変電所への破壊工作は、夜陰に乗じて王師会とともに決起する者が相次ぐと考えたためだったが、実際のところ、彼らは変電機器を破壊する手段すら持ち合わせていなかった。実行犯のほとんどが20代の若い将校ということもあってか、事件そのものは血気が空回りしたような結果に終わった。

ちなみに、王師会の暗殺対象には、来日中だった喜劇王チャールズ・チャップリンも含まれていた。彼を招いた晩餐会が首相官邸で行われる予定があり、そこで謀殺する企てがあったという。軽佻浮薄なハリウッド映画に日本国民が浮かれることを懸念して、その禍根を断つことが目的だったというが、当日チャップリンは体調を崩したのか、晩餐会をキャンセル。アメリカの映画スターは事なきを得た。

政党政治から軍国主義へ

事件後、王師会のメンバーは次々に逮捕され、裁判にかけられることになった。**だが、首相を銃殺したにもかかわらず、その刑は軽かった。**首相に弾丸を浴びせた三上卓海軍中尉、そして古賀清志の2人は叛乱罪により禁固15年。死刑判決を下された者はおらず、数年後には恩赦により釈放されている。それは「愛国の志ゆえの行動」と讃える国民の声に、裁判所が押されたためと言われている。

というのも、当時は世界恐慌の影響などで慢性的な不況状態にあり、倒産や失業者が続出し

陸軍の軍法会議の様子。判決は禁固４年という軽いもので、海軍の軍法会議でも厳しい判決は下されなかった。

ていた。その原因を政党政治の行き詰まりにあると考えた国民は、国家の刷新を図ろうとした王師会に少なからぬ共感を抱いていたという。実際、減刑を求める嘆願書も36万通近く寄せられており、その中には血判や詰められた指なども同封されていたという。

だが、これは一国のトップを殺害しても、禁固15年程度で済むという例がつくられたことをも意味し、その後の二・二六事件などを誘発する一因にもなったという意見もある。

また、**事件の影響で、暗殺を恐れた政治家たちは軍への干渉を控えるようになり、軍部の発言力が一気に強まっていくことになる。**このように王師会と彼らが起こした事件は、「話せばわかる」の政党政治の息の根を止め「問答無用」の軍国主義の扉を開いたとも言えるだろう。

桜会

【クーデター未遂事件を引き起こした陸軍中堅の集まり】

国民に見限られた政府

1914年に勃発した第一次世界大戦で、ヨーロッパ各国の生産が途絶え、戦地から遠く離れた日本は特需による好景気で活況を見せた。しかし、戦争が終わって復興が始まると、受注が途絶えて戦後不況に見舞われた。

中小企業の倒産が相次ぐ中、1923年の関東大震災が経済に追い討ちをかけ、金融危機はより深刻なものとなる。さらに、1929年のニューヨーク株取引所の大暴落を発端とする「世界恐慌」の影響で輸出産業は大打撃を受け、そのダメージは全国へと波及。1927年から始まっていた金融不安の煽りもあり、中小企業はおろか銀行や大企業すら倒産が相次ぎ、都市部にも失業者が溢れかえるほどの異常事態に陥った。そのうえ、農村地域にも冷害が襲い、収穫量は激減。困窮の果てに、娘を売りに出す農家も現れた。

しかし政府は、与野党の政争に明け暮れるばかりで有効な手を打てない。そこで軍部は政府を見限り、独力による国の立て直しを画策。同じく政府に失望していた国民は軍の行動を支持し、後の軍部独走を許す結果となった。

そうした世直しを目指す陸軍将校のグループ

1920年代ごろから震災や不況の影響を受け失業者が増加（写真は東京市の無料宿泊所に集う失業者の様子）。こうした状況に有効な手を打てない政府に国民は不信感を募らせ、軍部へ期待を寄せるようになっていった。

で、過激派と呼ばれた派閥が「桜会」だった。

暴力革命も辞さない過激派

桜会は、参謀本部ロシア班長・**橋本《はしもと》欣《きん》五《ご》郎《ろう》中佐**が中心となって誕生した陸軍の派閥である。中国大陸の右翼勢力とも関係が深く、強烈な改革論者としても知られる橋本の組織が他の改革派閥と違った点は、メンバーとその目的だろう。例えば、「一夕会《いっせきかい》」は同じく国家改革を目指した派閥だが、構成員は陸軍大学校卒のエリートで占められた。それに対して、桜会はトップこそエリートだったが、それ以外の大多数は、**出世コースから外れ、改革運動からも必要とされなかった士官学校卒の若手将校が占めていた**のだ。

入会した将校には、終戦直後に北方領土でソ連軍と戦う樋口季一郎やインドの独立工作に従事した岩畔豪雄のような裏方で活躍する中堅が多かった。その傍らで、長勇《ちょういさむ》、辻政信など気性の荒い将校も数多く、そんな過激派の終結が桜会の目的を確固たるものとしたと考えられる。

では、桜会の最終目的は何か？　それは**武力による政治改革、つまりはクーデター**だ。

実際に橋本は第一回会合で、「国家改造を終局の目的とし、之がため要すれば武力を行使するも辞せず」と発言。大きな反対もなく若手将校達に支持された。実際には、土橋勇逸《つちはしゆういつ》少佐が「合法的な手段に頼るべき」と批判したが、大半の若手将校は聞く耳を持たない。これに失望した穏健派や他派閥と掛け持ちしていた将校が次々と脱退していくと、批判者がいなくなったことも手伝い、桜会の方針は修正不可能となっていったのである。

しかも、軍事蜂起を仄めかす橋本らを陸軍上層部は放置していた。「所詮は若手」と侮ったとも言われているが、そうした判断こそが、大惨事を招いたともいえなくはない。

桜会のクーデター未遂

メンバーが百数十人を超えた1931年3月、桜会は早くも国家改造に向けて動き出す。現政権転覆を狙ったクーデターを計画し始めたのだ。

橋本は満州で関東軍が軍事行動に出るとの情報を掴んでいて、その行動が起こると同時に東京でデモや暴動を扇動しようとした。そうして

桜会を組織した橋本欣五郎（左）と、アジア主義に共感し三月事件の計画も練った思想家・大川周明（右）

政府が大混乱に陥った隙に、国会を武力で制圧。その後、軍に都合の良い政府を築こうとしたのである。

一説には小磯国昭ら参謀本部の一部将校も関わっていたといわれるが、この計画は実行されなかった。原因は首相に祭り上げようとした宇垣一成陸軍大臣に、クーデターの参加を拒否されたからだとされている。

この**「三月事件」**と呼ばれる一連の騒動は未遂に終わり、陸軍首脳に計画が露呈したことで桜会の動きは一時的に沈静化した。だが、**橋本らに何の咎めもなかった**せいで、同年の９月を境に、またもや活発化することになる。

活発化の最大要因は、満州の関東軍が予定通りに軍事行動を始めたからだ。この軍事行動が「満州事変」であり、桜会も本土から関東軍を

支援したとされている。そして、当初の予定通りに、満州に呼応してクーデターを再び計画したのだ。

今度はデモを誘発することは考えず、可能な兵力を総動員して国会を襲撃、首相と政府の閣僚を皆殺しにする。政敵を武力で排除したうえで、宇垣と同じく桜会に同情的だった荒木貞夫中将をトップとする改造内閣を樹立する計画だったのだ。

しかし、クーデターが決行されることはなかった。なぜなら、クーデター計画実行直前の10月17日に憲兵隊に先手を打たれ、橋本を含む主要メンバー全員が検挙されたからだ（十月事件）。

計画が露呈した理由については諸説あり、藤《ふじ》塚《つか》止《し》戈《か》夫《お》少佐が橋本を裏切り参謀本部へ暴露したとも、クーデターに否定的な荒木がわざと情報を横流ししたともされている。しかし理由はどうあれ、二度目の謀反未遂とあっては陸軍も見逃すことはできず、憲兵隊の一斉検挙で桜会は事実上壊滅した。

事なかれ主義が招いた結末

未遂で終わったとはいえ、政府への謀反は極刑を免れないほどの重罪である。桜会の面々も、さぞ重い刑罰を科せられただろうと思うところだが、**陸軍首脳は検挙者全員を微罪で済ませ、事件を可能な限り揉み消してしまった**のである。首謀者の橋本ですら25日の謹慎で終わり、その後は通常部隊に復帰している。

厳罰を避けたのは、残党による報復と大不祥事を公にすることで生じる面子の失墜への恐

桜会が中心となって企てたクーデターで暗殺対象になっていた当時の首相若槻礼次郎（左）と外相幣原喜重郎（右）。計画が漏れたことでメンバーは憲兵隊に検挙されたが、厳罰には処されず、事件はもみ消された。

怖、そしてクーデターを裏から支援していた大物の発覚を恐れてのことだと言われている。だが、この事なかれ主義の代償は大きすぎた。なぜなら、**多くの過激派若手将校が、無傷で野に放たれた**からだ。

それだけでなく、日本改革の理念を愚直に信じていた若手将校たちは、同じ陸軍から攻撃されたことで自分たちはエリートの権力争いに踊らされたと思い込み、独自の路線を進むことを決断してしまった。

統制を失った彼らの過激化は止まるところを知らず、海軍まで波及して「血盟団事件」「五・一五事件」「二・二六事件」など、多くの暗殺事件とクーデターを引き起こすことになる。つまり、陸軍上層部が半端な罰で済ませた結果、最悪の事態を招いてしまったといえるのである。

【陸軍の幕僚たちがつくった改革組織】

一夕会

日本改革を目指した秘密組織

1921年、ドイツ。保養地で知られるバーデンバーデンに、日本人士官が集まっていた。メンバーは、**永田鉄山《ながたてつざん》、小畑敏四郎《おばたとしろう》、岡村寧次《おかむらやすじ》、東条英機の4人**。後に陸軍の中核となる彼らは日本の現状について話し合い、「現在の政府による国家の立て直しは不可能である」と断言。陸軍主導の新政府を立てることと、国家総動員体制の確立を目指すことを誓い合う。世に言う「バーデンバーデンの密約」である。

帰国した4人はしばしば他の将校と会合を開き、賛同者は日を追うごとに増加していった。その多くは、政治事情に詳しいエリート将校で、中には、石原莞爾、武藤章《むとうあきら》、山下奉文《やましたともゆき》など、現在でも知られる軍人が多数含まれていた。

同志が充分に集まった1927年には、岡村らの主導で「二葉会」という秘密組織が結成される。命名の由来は、会合によく使われたフランス料理店の二葉亭に由来するとされる。

これとは別に、鈴木貞一中佐が1927年に「木曜会（無名会）」を結成している。しかし、どちらの組織も国事の改革という目的は一致しており、1929年の春には、早くも両組織の合併が宣言された。そうした経緯で結成された

海軍軍縮の必要性を訴える尾崎行雄衆議院議員（画面左）。議会政治を代表する尾崎は国民からの支持も篤く、軍隊の維持費を抑えるべきだという意見も受け入れられていた。

のが、「一夕会《いっせきかい》」である。

巨大化しすぎて分裂

ドイツでの会合では、政治改革の実行を誓い合ったが、組織化した一夕会が最初の目標としたのは、政府でなく**軍内部の改革**だった。

戦前の軍は民衆から支持を集めていたとされているが、それは日中戦争直前からの話である。大正から昭和初期にかけては全くの逆で、世界的な軍縮の風潮とデモクラシー運動の影響もあり、国民は軍隊の存在を軽視。「兵隊は税金泥棒だ」とまで口にしていた。

にもかかわらず、陸軍の上層部は派閥争いを繰り返し、内部の腐敗も進行。このような状況を受けて一夕会は、まず軍を立て直さなければ

政治支配は難しい、と考えたのである。

　1929年5月の第一回会合では、荒木貞夫、真崎甚三郎《まさきじんざぶろう》、林銑十郎を中核とする陸軍建て直しと、当時陸軍を牛耳っていた長州閥の一掃を決定。人事の一新で空いたポストには、一夕会のメンバーを置くとされた。ただし、クーデターや暗殺といった非合法な手段はタブーとされ、あくまでも法に基づく改革を目指した。

　この目的は、同年8月に岡村が陸軍省の人事局補任課長（大佐以下の人事権を与えられた役職）になったこと、1931年には荒木が陸軍大臣に就任し、人事権をほぼ掌握したことで概ね達成された。

　さらに一夕会の議題は、日露戦争後から複雑化していた**満蒙地域の利権問題**にも及んだ。ただ、その解決方法は、スマートなやり方が選ばれた陸軍改革とは全く正反対なもので、満州方面に日本の味方となる新勢力を樹立して利権を確保すると同時に、ソ連からの侵攻に対し、防波堤にするという内容だった。

　この「満蒙領有論」と呼ばれる解決案は、1928年に東条英機が中心となって作成されたという。このような、満州利権の解決策が1931年の「満州事変」として実行されたことは、歴史が示すとおりである。

　満州事変の原因は、石原莞爾と関東軍の暴走といわれている。だが、関東軍の暴走の裏で、石原が所属していた一夕会メンバーの同調があったことも忘れてはいけないだろう。

　これらの成功と「桜会」など他派閥の自滅で多数の将校が流入し、一夕会は1930年代初頭に、陸軍の最大勢力になっていた。ところが、

一夕会のメンバー石原莞爾と板垣征四郎が中心となって起きた満州事変を経て、1932年3月1日に満州国は建国宣言を発表した。写真は、満州国建国と皇帝夫妻の訪問を祝う駅の飾りつけを写したもの。

改革終了後の方針について会内の意見が食い違うようになり、結成時のメンバーである永田と小畑も対ソ方針のあり方で対立。石原も、満州の運営方法で他の会員と対立して孤立していく。

そして1934年前後には、永田・小畑の対立は修復不可能な域に達し、さらに陸相となった荒木による身内びいきの人事で会員の不満が爆発。一夕会は永田に味方するグループと、荒木と小畑を中心とするグループに分裂した。これが後の「統制派」と「皇道派」だ。

永田に付いた将校は統制派に、小畑派の若手将校は皇道派となったといわれ、1935年の永田暗殺を機に両者の対立は激化していくことになる。政治や陸軍を改革し、日本を安定させるはずの組織が、結果的には、新たな混迷の火種となってしまったのだった。

【血で血を洗う対立を続けた陸軍の二大派閥】

統制派と皇道派

分裂した陸軍内部

昭和初期の日本陸軍は、「軍の力で国家を革新させる」という目的を持っていたが、手段については意見が分かれていた。

当初は一夕会のエリート将校が中心となり、合法的な政治活動によって、日本の刷新と総動員体制の確立を図っていたものの、内部抗争で勢いを失っていた。対ソ戦略に関する永田鉄山と小畑敏四郎の対立で、一夕会は抗争状態に陥る。ここに桜会の残党を含む若手将校過激派の決起も合わさったことで、会内の「内ゲバ」はさらに拡大していくことになる。

そうして分裂した一夕会は、やがて二つの派閥に収束していく。それが**「統制派」**と**「皇道派」**だ。この両陣営の抗争は、陸軍を二分するほどにまで発展。やがては、**歴史に名高い一大クーデターへと繋がっていく**のである。

両派閥とソ連の関係

統制派には一夕会内のエリート将校が多数参加。永田支持層を母体とし、国家改革については合法的に行うべきとした。そのことから、クーデターや暗殺などの手段に出ることは一度

統制派の指導的地位につく東条英機（左）と皇道派の支持を集めた荒木貞夫（右）

もなかった。

これに対し、**小畑グループから派生した皇道派は、改革のためなら暴力的手段も辞さない過激派の集まり**だった。その考えは、日本軍は国家や国民ではなく天皇に仕える「皇軍」なのだから、国の定めた法に従う義務はない、という過激なものだった。

集まったのは、元桜会を含む中堅の若手将校が多く、彼らに同調していた荒木貞夫中将と真崎甚三郎中将をトップとする新政権の樹立を目標とした。その悲願達成のためには、政府への武力攻撃すら視野に入れていたほどである。このように、自らを皇軍と名乗ったことが、皇道派という呼び名の由来だとされている。

両陣営の違いを比べてみれば、最終目的こそ一致しても、手段については全く逆といっても

よく、歩み寄りや和解はまず不可能だった。

そのうえ、統制派と皇道派の対立を深めた問題がもう一つある。一夕会分裂の発端となった、**ソ連への対策**だ。

当時、陸軍が最大の仮想敵としていたソ連に対し、皇道派は「スターリンの行った大粛清の混乱が抜けきらない今こそ、攻撃すべき」と主張。しかし、統制派は現実的だった。

「世界恐慌などで国内が混乱しているのは、日本も同じである。そのような状況下では国内が団結できず、今戦っても敗北は必至だ。したがって、今は満州の開発と政治改革に集中し、国力を高めることが重要だ」

これが統制派の主張である。これらの主張は小畑と永田の持論そのものだった。結果、派閥間の対立は深まり、やがて大惨事を引き起こすことになるのだった。

決起した皇道派の将校

皇道派と統制派の争いは、政治闘争から始まった。1931年の犬養内閣発足で荒木が陸軍大臣に抜擢されると、それまでの陸軍幹部の大勢は左遷され、重要ポストには皇道派の面々が多数採用された。しかし、他派閥への配慮から中佐以下は残留者が多かったため、政治改革を進められず、さらには海軍にすら弱腰だった。そのせいで、皇道派同志からの信頼も次第に失っていった。

しかも、1932年に海軍の若手将校が起こした反乱「五・一五事件」や右翼団体「血盟団」による連続暗殺事件（血盟団事件）への関与疑

編笠を被り裁判に参加する血盟団事件の実行者たち。皇道派も関与が疑われた。

惑から、皇道派への風当たりは次第に強まる。荒木は1934年1月に体調不良を理由に辞職するが、後任に選ばれたのは同志ではなく統制派の林銑十郎だった。

林は永田の助言を受けつつ、今度は重要ポストから皇道派を悉く除外。教育総監の真崎を含む数人は残留するも、その真崎ですら1933年7月に職を追われた。これによって皇道派は陸軍上層部からはほぼ一掃された。さらに、1932年に陸軍士官学校内で練られていたクーデター計画が辻政信に潰されたこともあり、圧倒的不利に追い込まれたのである。

もちろん、こうした統制派による処分に対し、皇道派も黙ってはいなかった。しかも、反撃方法は議論などの平和的なものではなく、直接的な暴力だった。

真崎の罷免から1カ月後の8月12日、**軍務局長となっていた永田が皇道派の相沢三郎中佐に暗殺される。**これが原因で林は辞任に追い込まれ、**統制派は一時的に勢いを失った。**

一方、統制派に大打撃を与えた相沢中佐は一躍皇道派の英雄となり、行動に勇気付けられた同志は、武力による国家改造「昭和維新」を決意。そして1936年2月26日、彼らは約1500人の兵を引き連れ、永田町の政府関連施設を一斉に攻撃した。これが東京を震撼させたクーデター未遂事件**「二・二六事件」**である。

首相官邸や陸軍本部、朝日新聞社、警視庁、大臣の私邸への攻撃によって、斉藤実元首相を含めた4人の要人と5人の警察官が犠牲となった。永田町の制圧を完了した反乱軍は、川島義《かわしまよし》之《ゆき》陸軍大臣へ昭和維新への協力と真崎甚三郎内閣の発足を嘆願。軍内部は一時混乱に陥り反乱軍に同調する者も出始めたが、昭和天皇の奉勅命令（天皇陛下直々の命令）によって、28日に反乱軍を逆賊として討伐することが決定された。

その後、陸軍による投降勧告などにより、29日の午後までにほとんどの兵が反乱軍を離脱。自決した野中四郎大尉以外の首謀者全員が逮捕され、内乱の危機は寸前で回避されたのである。

統制派勝利と政治支配の確立

3月4日に開設した軍法会議では、「弁護人なし」「一審のみ」「非公開」という圧倒的に不利な状況で裁判が行われ、7月5日にクーデターへ参加した士官と彼らに影響を与えたとされる右翼思想家を含む19人に死刑判決が下された。

二・二六事件によって内乱の危機に陥ったが、天皇の裁可で決起した兵は反乱軍とみなされたことで、その多くのが投降。写真は帰順する反乱軍たち。

事件の後、陸軍は皇道派を徹底排除すると共に、個人の政治活動を禁止。事件の再発を防ぐ名目だったが、東条英機ら上層部の統制派は、再度のクーデターを恐れる政治家の弱みに付け込み、軍部大臣の現役武官制を悪用して陸軍に都合の悪い内閣を次々に潰していく。現役武官制とは陸海軍大臣に現役の軍人を就かせる制度のことで、陸海軍のどちらかが候補を出さなければ、内閣は総辞職せざるを得なくなる。統制派たちはそうしたルールの隙間を利用、自らに都合のいい内閣を作らせることで、政治権力を牛耳ることに成功したのである。

同じ目的からスタートし、その後、内部分裂を経て成立した統制派と皇道派。**両派の争いは、皇道派の自滅とも言える事件を経て、統制派の圧倒的勝利に終わった**のだった。

【明治から太平洋戦争直前まで続いた対立】

長州閥と薩摩閥

幕末の雄藩から派生した派閥

日本軍における派閥抗争は、明治維新直後に始まっていた。江戸時代の影響が色濃い明治の初期では、旧来の諸藩出身者が互いにグループを作り、政府や軍へ有力者を派遣し影響力の強化を図っていた。

こうした旧来の各藩を母体とする派閥体制を「藩閥」という。そして藩閥で最も力をつけていたのが、明治維新の中核となった長州と薩摩、いわゆる**「長州閥」**と**「薩摩閥」**である。

政党制が機能しきれていない明治から大正にかけては、薩長の人材が政府と軍の要職をほぼ独占し、政治と軍事の両方を手中に収めていた。

1875年における将軍の顔ぶれは、陸軍大将は西郷隆盛ただ一人。中将3人のうち、2人は薩摩出身者の黒田清隆と西郷従道が占め、残りは長州の山県有朋だった。少将では12人中9人が薩長の人間である。海軍の将軍も半分以上が薩摩出身者で構成され、陸軍省及び海軍省の重鎮も薩長が多勢であった。

まさに、**誕生当時の日本帝国陸海軍は、薩長閥に牛耳られていた**といえよう。だが、同等の勢力が二つ同時に並び立てるはずもなく、両者は次第に対立していくことになる。

西南戦争時の錦絵。左側が西郷率いる反乱軍で右側が政府軍。上部には薩摩閥代表の西郷隆盛と長州閥代表の山県有朋の名前が見える（「東西英雄競」部分）

決裂した薩長の関係

そもそも幕末の薩長は、幕府への対応の違いで敵対していた時期があり、戦火を交えたこともあった。だが、両者の勢力図が拮抗していたこともあって、どちらかが突出することにはならなかった。

そうした均衡状態が崩れたのは1877年のこと。この年に勃発した**「西南戦争」で西郷隆盛が戦死すると、最大の有力者を失った薩摩閥は政争に打ち勝つ力をほぼ失った。**

そうした弱体化は、長州閥に勢力拡大のチャンスを与えた。徴兵制度の整備と陸軍近代化で名を上げた**山県有朋**は、敵対派閥「月曜会」の解散と軍紀の安定化を定めた「軍人訓

誠」を制定し、藩閥制への反対運動を抑止。反対派を次々と退け、自らの子飼いを引き上げ、1900年までに長州閥を「山県閥」と呼ばれるほどの強大な派閥へと成長させたのである。

一方、薩摩閥のトップの大山巌に出世欲は少なく、むしろ、軍内安定化のため長州に協力的だった。このことも幸いし、山県から桂太郎を経て**1902年に陸軍大臣の寺内正毅中将が派閥のトップに立つと、長州閥は最盛期を迎える。**

ただこの頃は、日本軍の規模拡大に伴い薩長以外の人員が集まったこともあり、藩閥制への批判が最高潮に達した時期である。普通であれば批判に配慮し、藩閥に囚われない人員採用を進めるのだろうが、寺内は違った。藩閥制を緩めるどころか、支配体制を強固にするため、粛清人事を行ったのだ。

寺内の時代に現役追放になった大将は7人、中将は44人にも及んだ。中には長州出身者も10人含まれていたが、そのうち4人は一階級昇進したうえでの名誉退職扱いだった。もちろん、空いたポストに入ったのは長州出身の将校で、逆に長州出身者でなければどれほど優秀でも出世をしにくい状況が続いたという。

例えば、盛岡藩出身の東条英教は陸大を首席で卒業したが、藩閥制を批判しただけで出世コースから外され、一個旅団長として日露戦争へ送られたあげく、陸軍から追放された。

このように、他派閥からすると居心地の悪い長州の一強支配が、長く続いていたのである。

薩摩閥の逆襲

日本陸海軍上層部の面々。中央に座るのが薩摩閥のトップ大山巌で、その左に座るのが陸軍に巨大勢力を築いた長州閥の山県有朋。

では、これに対抗するべき薩摩閥は何をしていたのだろうか？

陸軍での派閥競争には敗れた薩摩閥であったが、海軍での勢力拡大には成功していた。西郷隆盛の弟である西郷従道と第二代海軍卿・川村純義《かわむらすみよし》の働きで海軍に根を張ったのである。**「海の薩摩、陸の長州」の言葉が示すとおり、長州閥とは徹底した不干渉主義を取った**わけだ。薩摩閥出身の海軍将校・山本権兵衛大将が1913年に総理大臣となった際にも、長州とは戦う姿勢をとらなかった。

その一方で、**長州閥に立ち向かった薩摩出身者もいた**。その代表といえるのが**上原勇作《うえはらゆうさく》**だ。

薩摩藩と繋がりの深い宮崎県都城出身の上原は、工兵戦術に長けた陸軍の勇将である。薩摩閥長老格の野津道貫《のづみちつら》の娘婿ということもあっ

て、将来を期待されていたのだが、1900年に突如、参謀本部から砲学校へ左遷となってしまった。黒幕は長州閥拡大を狙った寺内である。

それを知った上原は強烈な反長州主義者となり、人脈を利用して日露戦争に従軍。第四師団長を経て陸軍大臣となり、長州閥との確執で辞職した後、1915年に参謀総長となり、6年後に元帥となった。まさに叩き上げの将軍だ。

そして元帥の地位を得ると、冷遇された陸大出身者や他の藩閥と連合。「上原閥」と称されるほどに、薩摩派の規模を拡大したのである。

薩長が残した影響

陸軍大臣や参謀総長を歴任した上原の勢いが凄まじかった一方、長州閥はシベリア出兵失敗の責任をとって寺内が辞任したことが影響し、窮地に立たされていた。

そうした中で長州閥のトップになった田中義《たなかぎ》一《いち》は、軍事よりも政治に専念し、上原と同じく陸大卒の人材を引き入れ派閥の力を強めると共に、自身も最終的には総理にまで上り詰めた。

しかし、長州閥の寿命はすでに尽きようとしていた。要因は二つ。**一つは反藩閥勢力「二葉会（後の一夕会）」の誕生**だ。

従来の藩閥に囚われないこの派閥は長州打倒を目標に掲げ、長州に冷遇された東条英教の息子、東条英機が音頭をとっていた。

二つめの要因は、**関東軍の暴走**である。中国内戦での満州利権喪失の危機に対し、田中は米英からの批判を恐れて積極的な介入をしなかった。だが、関東軍による張作霖爆殺事件で国内

上原閥を形成し陸軍で一大派閥をつくり上げた薩摩出身の上原勇作（左）と長州閥を率い、総理大臣にまでのぼりつめた田中義一（右）

外から激しい追及に晒されると、１９２９年７月に総辞職。その2カ月後に、心労からの狭心症で死亡する。トップの急死、そして藩閥が時代遅れとなったことで後任は誰も現れず、長州閥は事実上滅亡。薩摩閥も１９３３年の上原の死去で、自然消滅した。

その後、田中の子飼いだった宇垣一成《うがきかずしげ》は旧長州閥の軍人を多く引き入れ独自の軍閥を築き、一夕会と共同で満州事変を支援。派閥解散後は統制派に合流した。

対する皇道派のメンバーには、生前の上原が支援をしていたとされ、旧薩摩閥も多かったという。

こうして両派閥は統制・皇道派へと引き継がれ、陸大出身のエリートが軍の中心を占めるようになっていったのである。

【海軍の行末を大きく変えた】

艦隊派と条約派

軍縮会議が及ぼした波紋

第一次大戦終結後、世界は建艦競争による財政の圧迫が一因で、深刻な経済難に入りつつあった。中でも世界トップ3の海軍力を誇る日英米の負担は凄まじく、経済の循環が滞っていた。この事態に対処するためアメリカ主導で1921年に開かれたのが**「ワシントン会議」**だった。

太平洋の安全保障問題を絡めた会議の結果、主力艦（戦艦や空母など）の保有制限を定めた「ワシントン軍縮条約」を翌年に制定。1930年3月から始まる「ロンドン会議」では、巡洋艦以下の補助艦も規制対象とするべく議論が行われた。これによって、世界は軍拡による経済破綻の危機を脱しようとしたのである。

ただし、これらの会議には勢力を増しつつある日本海軍を押さえ込むという目的も隠されており、日本の艦艇保有数は米英に対して6割強に制限されつつあった。そして、この**不平等ともいえる条約が引き金となり、日本海軍は熾烈な派閥抗争へと突入した**のである。

条約を受け入れるか否か

米英日仏伊の海軍軍縮について話し合われたワシントン会議の様子

財政逼迫で苦しむ日本も、軍艦規制はやむなしと考えてはいたが、アメリカ軍へ対応可能な対米7割のラインは維持すべきとしていた。しかし、事前に秘密会議を開き、すでにシナリオを練っていた米英相手に有利な交渉はできず、6割の規制を押し付けられてしまった。

日本が最も不満を抱いたのは、ロンドン会議で補助艦の保有量も制限されたことだった。主力艦の規制だけなら、補助艦を強化する抜け道があったが、それすら過度に制限されると、対米戦略を立てること自体が難しくなる。

そのため、艦隊増強を第一とする海軍軍令部職員と現場の艦隊指揮官の多くが条約に断固反対し、必要とあれば会議の決裂すら辞さない構えを取ったのだ。

だがその一方で、米英に譲歩し受け入れるべ

きとする勢力も、また存在した。海軍省の役人と政治家たちである。

　条約締結を強く望んだ理由は、やはり財政難だった。艦艇建造による財政の圧迫は留まるところを知らず、1920年には国家予算の3割強が海軍の軍事費となる異常事態となっていた。そのため政府は財政破綻を防ぐためには妥協もやむを得ないと判断したのである。

　また、対米戦については、条約を厳守し、米英の敵意が向かないように努め、戦争の可能性そのものを減らそうと思案した。

　しかし、両陣営の対立は激化。1930年3月26日の海軍会議では、賛成派と反対派が熾烈に意見をぶつけ合い、対立構造は明確化されてしまった。こうして**条約を支持する「条約派」と反対の姿勢をとる「艦隊派」の対立は、政府を巻き込む内部抗争へと発展していく。**

　会議は苛烈を極めたが、山梨勝《やまなしかつ》之《の》進《しん》海軍次官ら海軍省側の働きで、妥協をすべきとの結論で落ち着く。また、海軍内の争いを知った浜口雄幸首相は、二度にわたって、条約派の筆頭である岡田啓介軍事参議官と艦隊派の加藤寛治《かとうひろはる》軍令部長を説得。「政府の決定であれば海軍はそれに従い力を尽くす」との言質を得たことで、日本政府は米英に妥協しロンドン軍縮条約は4月22日に成立したのである。

艦隊派が利用した統帥権問題

　ただ、この時点では、日本への強制力はまだなく、条約の効力を受け入れるには、特別議会の承認を得て軍事参議官の会議を通過させ、枢

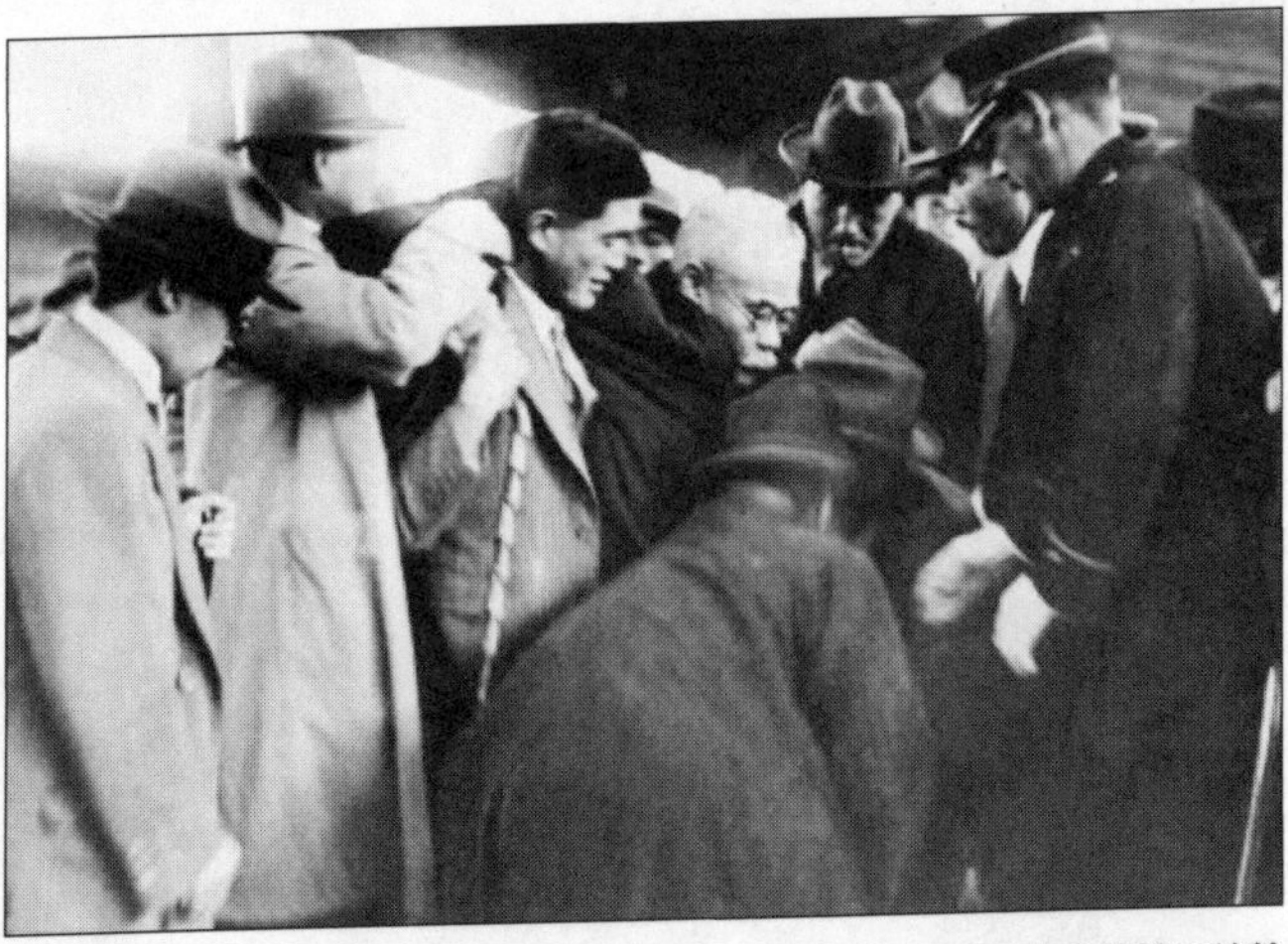

条約批准を進めた浜口雄幸首相は、1930 年、東京駅で右翼団体の男性に統帥権の干犯を理由に銃撃された。

密院の審査も通す必要があった。艦隊派が攻勢を仕掛けたのは、まさにこのタイミングである。野党と結託し、**条約調印は統帥権の干犯**だと批判したのだ。

統帥権とは軍の最高指揮権を表し、当時は内閣ではなく天皇が持つとされていた。つまり、政府に軍へ命令する権限はなかったのである。

ただし、海軍における兵力量、簡単に言えば部隊や艦隊の総数や編成については海軍大臣の責任で行われるのが海軍の伝統であり、条約による軍縮も兵力量決定に含まれるとされていたため、批判はただの言いがかりに過ぎない。

それでも艦隊派は、軍令部を通さず条約を批准するのは統帥権干犯であるとして、右翼団体や有力な将校への取り込み工作を行った。ここで艦隊派の味方についたのが、日露戦争の名

将・東郷平八郎元帥だった。

　軍の英雄までもが加わったことで、状況はいっそう混沌と化した。条約派の中核的人物の山梨と艦隊派で調整役をした末次信正軍令部次長が6月10日に相次いで左遷。艦隊派をまとめるべき加藤まで、天皇に条約反対を上奏した後に、事態は収拾不可能であるとして辞職した。

　しかし、浜口は一切譲歩することなく条約手続きを強引に推し進めた。そして9月17日に枢密院の許可が下りたことで、10月2日に軍縮条約を批准。条約派が勝利した瞬間だった。

海軍を変えた艦隊派の逆襲

　しかし、艦隊派は沈黙しなかった。政争にこそ敗れはしたが、右翼団体や東郷元帥、一部皇族を引き入れたことで、勢力は条約派を大きく上回っていた。

　ロンドン条約が批准されると、艦隊派は軍令部へと矛先を向ける。政争に負けた一因は軍令部の権限が弱かったことにあると考え、改革を迫ったのである。

　1932年2月に**艦隊派の皇族・伏見宮博恭《ふしみのみやひろやす》王《おう》が軍令部長に就くと、組織の改革は開始された。**まず手始めに国際情勢への対処を名目に軍令部の人員拡大を図り、反対する海軍省には高橋三吉海軍次官を送り込み、強引に説得。そうして改革の前例をつくると、1933年3月に念願の兵力量へメスを入れる。平時における兵力量の決定権を海軍大臣に与えた海軍軍令部条例第3条を改正し、軍令部長に一元化するよう要請したのである。

条約派の推進者で強い発言力をもった伏見宮博恭王（左）とその圧力に屈した大角岑生（右）

当然海軍省は断固反対し、意外にも昭和天皇も条文改正に異を唱えていた。しかし、半年以上の議論も空しく、伏見宮による圧力で大角岑《おおすみみね》生《お》海軍大臣は改正案を呑まざるを得なくなり、修正案を天皇が認可したことで、兵力量決定権は軍令部の手に落ちた。そして、議論と並行する形で人事改変をするよう皇族と東郷が大角に圧力をかけて海軍の要職から元条約派を左遷させ、艦隊派の影響力を確固たるものとした。

このように、条約に関する政争にこそ敗れはしたが、**艦隊派は「大角人事」と呼ばれる一大左遷劇と条文改正によって、権力を一挙に握ると同時に海軍のあり方すら変えてしまった。**艦隊派の改革で海軍省の権力が落ちたことにより、海軍は政治のコントロールから離れることになったのである。

【満州国における事実上の支配者】
関東軍

満州鉄道を守護する部隊

満州事変を引き起こし、日中を戦争へ突き進ませる一因をつくった**「関東軍《かんとうぐん》」**。日本最大の海外駐屯軍が発足したきっかけは、日露戦争後の社会状況にあった。

ロシアへの勝利で、遼東半島と満州における鉄道利権の一部を得た日本ではあったが、当時の中国は清王朝の衰退で治安が悪化し、馬賊《ばぞく》（騎馬を用いた盗賊団）の出没で鉄道の安全が脅《おびや》かされていた。これに対し日本は、日露戦争後に締結された「ポーツマス条約」では、駅周辺地域における行政権も認められていたため、1905年から主要各駅へ守備隊を置き、統括する「関東総督府」を奉天に設置した。

関東総督府は翌年に奉天から遼東半島の旅順へ移転となり、半島内の政務と守備隊の指揮を担う「関東都督府」に再編される。大正時代になると、シベリア出兵の失敗に伴う大陸方面の政策転換の影響により、軍政分離の一環として1919年には関東都督府が廃止され政務部門は「関東庁」として独立。鉄道の守備隊は遼東半島の駐屯部隊と合流して正式に駐留軍へと発展した。この駐留軍こそが、後に満州の支配者となる関東軍である。

満州の首都新京に置かれた関東軍の司令部

天皇に直隷する海外派遣軍

関東という名称は、ロシアが遼東半島を「関東州」と呼んでいたことに影響を受けたとされている。当初の部隊編成は遼東半島の1個師団と各鉄道守備用の6個大隊。兵数にして約1万人強という中規模な部隊だった。

一見すれば、関東軍はただの一地方軍に過ぎないと思えるだろう。しかし関東軍には、他の部隊にはない最大の特徴があった。それは**天皇直属の海外部隊**だったことである。

関東庁の切り離しに伴い、関東軍は天皇の直隷部隊に再編された。朝鮮駐屯軍と台湾駐屯軍も天皇直隷部隊ではあったが、当時の朝鮮半島と台湾は日本の領土で、駅周辺のみとはいえ海

外に常時進出したのは関東軍だけだった。

正確には、北京議定書に基づき1901年から合法的に派遣された支那駐屯軍もいたのだが、部隊は天皇の直属ではなく、兵数も約2000人と小規模だった。

陸軍省と参謀本部に従うべしと定められてはいたものの、日本唯一の天皇直属派遣軍だという事実が、関東軍の将校らに特別意識を持たせたことは間違いない。

芽生えた満州への野望

満州の鉄道網（南満州鉄道）と遼東半島の防衛軍であった関東軍が現在も有名なのは、独断で軍事行動を起こして満州を制圧したことが大きい。ではなぜ、関東軍は満州制圧の野望を抱いてしまったのか？　その原因は、当時の世界情勢と中国の内乱にあった。

日露戦争に勝利した日本は中国の一部を貰いうけ、遼東半島を足がかりに満州方面への本格進出を目論むようになる。 さらに、第一次世界大戦に連合国側として参戦すると、アジア方面のドイツ領を悉く《ことごと》制圧。中華民国へ「21か条要求」を突きつけ、圧力をかけてドイツ領だった山東省を日本へ譲渡させた。しかし、大陸進出に出遅れたアメリカが1922年のワシントン会議で、列強と協調して返還を要求したことで、日本は中国へ返さざるを得なくなった。

大陸進出を阻まれ国民と軍部は憤ったが、今度は中国で発生した内乱が日本の権益に衝突した。中華民国を建てた国民党と、その支配を拒む軍閥の蜂起で始まった内乱は、中国全土に飛

満州の軍閥・張作霖は満州の直接支配を目論む関東軍によって列車移動中に暗殺された。写真は事件後の日本による現場検証の様子。

び火した。それどころか、国民党は「北伐」と称して満州まで侵出しようとしたのである。

日本政府と関東軍は満州の軍閥・張作霖と友好関係を結んで利権を守ろうとした。

だが、自身の勢力が拡大するにつれ、張作霖は日本との決別を模索し始める。政府は「張作霖にはまだ利用価値がある」として支援の続行を打ち出したが、そんな態度に業を煮やした関東軍は、最終手段を決断。張作霖の暗殺による**満州の直接統治**である。

1928年6月に関東軍参謀・河本大作《こうもとだいさく》大佐らの爆破工作で張作霖は死亡。事件は中国人のテロだと報道されるが、関東軍の仕業と見抜いた息子の張学良が敵対姿勢を取った事で策は失敗した。そのため、次に計画し始めたのが武力での満州占領だった。

そもそも満州への進出は、かつて政府も認めた悲願であり、本土の陸軍内では大陸進出による不況脱却を望む声が出始めていた。その代表格が一夕会である。派閥から派遣された石原莞爾率いる関東軍は、満州事変を指導し、張学良勢力を追い出して満州国を建国した。もちろんこれらは、政府の与り知らぬところで実行された軍部の独断によるものである。

満州国の支配とソ連への敗北

満州は表向きこそ国家となっていたが、要職の多くは日本人が占め、政府官僚の登用と任命の権限は関東軍総司令官が握る、事実上の傀儡国家でしかなかった。

建国からまもなく、関東軍の総司令部は満州国首都の新京へと移設した。１９３７年に起きた日中戦争では華北方面へ進出するが、年末までに全ての部隊が満州内へ戻された。重工業化の成功で勢力を増したソ連軍へ対処するためだ。

実際、満州国境沿いにおけるソ連軍とのトラブルは増加傾向にあって、１９３４年から翌年の間だけで、国境侵犯や一般住民への暴行事件が３００回以上も記録されている。

さらに１９３８年と翌年にはソ連軍と国境紛争も２回起こしている。二つの戦いはソ連の勝利で終わり、関東軍は１９４１年に大規模な軍事演習（関東軍特種演習）を行うと同時に、**本格的な対ソ戦を危惧した陸軍本部の増援で戦力は急激に増強された**。その結果、発足当初は１万人程度しかなかった兵力は、１９４０年代初頭には数十万人規模にまで膨れ上がり、**「泣**

関東軍特殊演習の様子。ソ連に対する備えとして演習が行われたが、太平洋戦争勃発に伴い優秀な人材が引き抜かれていったことで組織は弱体化した。

く子も黙る関東軍」と称されるほどの精鋭軍に成長したのである。

だが、日ソ中立条約の締結と太平洋戦争勃発で南方の戦力強化が優先されると、関東軍の部隊は優秀な順に次々と引き抜かれ、戦争末期には日本人居住者を対象とした「根こそぎ動員」の結果、急ごしらえの学徒兵や老兵の目立つ組織となっていた。そうした無残な状況にあった1945年8月9日、**ソ連軍は約170万人の兵力で満州への奇襲侵攻を開始**。戦力が激減した関東軍が太刀打ちできるはずもなく、各地で撤退を余儀なくされた。そして8月15日の終戦によって、関東軍総司令官・山田乙三大将は降伏を決断し、9月までにほぼ全ての部隊がソ連軍に投降。かつて満州の支配者として君臨した関東軍は、こうして滅亡したのである。

【陸海軍の技術開発の中心となった】

登戸研究所と海軍技術研究所

陸軍と海軍の研究機関

戦争の勝敗を左右する要因は、兵力や作戦立案力、情報収集力など様々だが、敵より優れた機能を有する兵器を持つことも重要である。そして、強力な秘密兵器を他国より先んじて開発するための機関が、かつての日本陸海軍にそれぞれ設けられていた。

その代表格が陸軍の**「登戸《のぼりと》研究所《けんきゅうじょ》」**だ。

第一次世界大戦が終結して間もない１９１９年、ヨーロッパにおける生物化学兵器の実用化を知った陸軍は、将来の化学戦に備えて「陸軍科学研究所」を設立。通常兵器の開発は「陸軍技術研究所」が担っていたが、陸軍科学研究所は、**化学兵器だけでなく諜報・宣伝活動の技術を開発研究する秘密戦の総合機関として運用された**。

そして、１９３７年に日中戦争が勃発すると、研究所の規模拡大で神奈川県川崎市の多摩区に電波関係部門実験場がつくられた。

この実験場を発展させるかたちで１９３９年に独立した研究機関が、登戸研究所（登戸出張所）である。

研究所は全部で三つの部署に分けられた。

第一部署はレーダーなど電波関係の研究を、

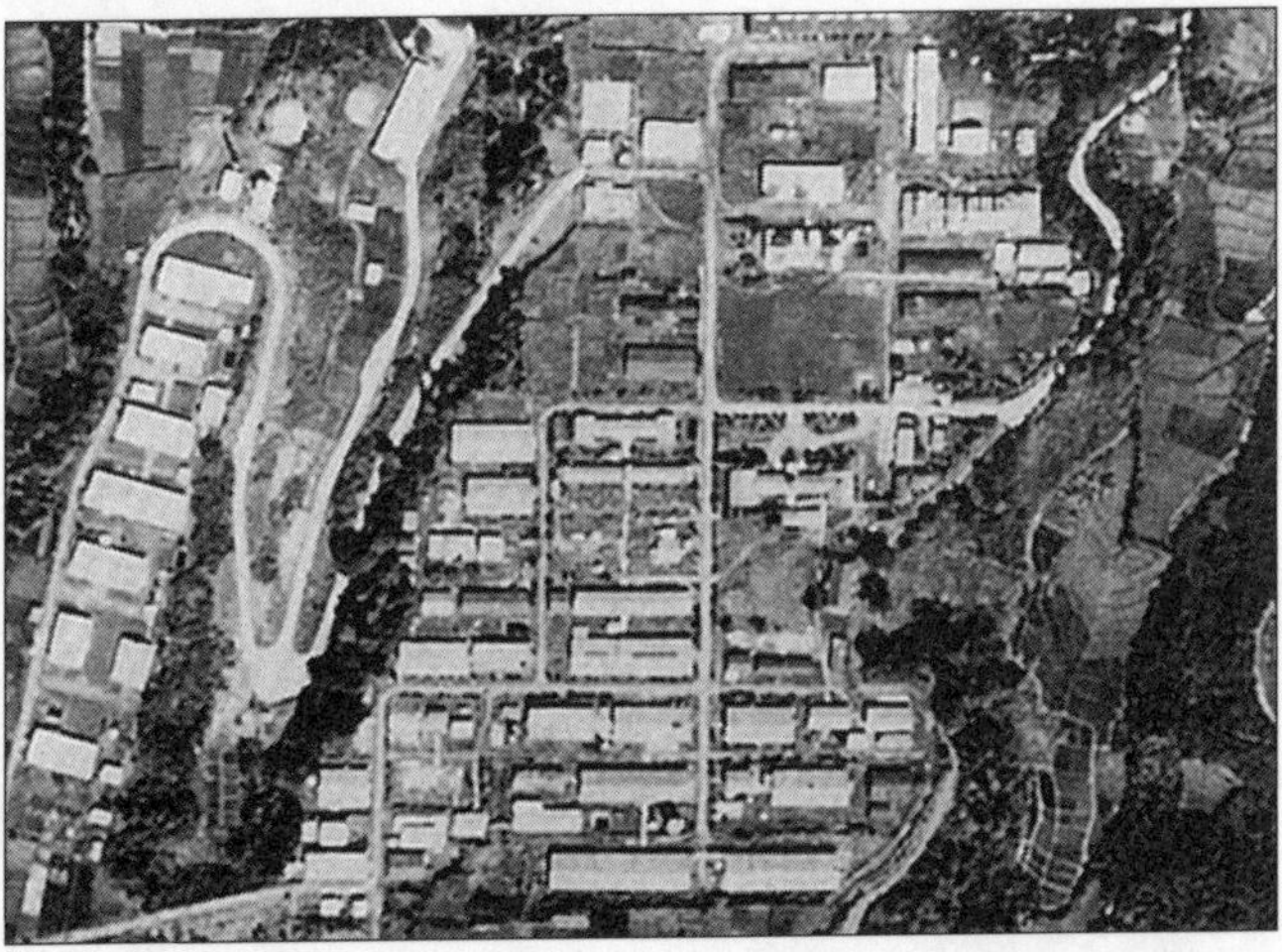

GHQ によって撮影された登戸研究所の空中写真

関東大震災後の海軍技術研究所

第二部署は生物化学兵器とスパイ用の秘密道具を、第三部署は軍事研究所としては珍しく、経済混乱用の偽札製作を担当していた。参謀本部直属の機密組織だったので不明な点も多々あるが、一説には1000人以上の人員が秘密兵器の製作に関わったという。

一方、海軍の技術研究を担っていたのが、**「海軍技術研究所」**である。

海軍技術研究所は、1923年に海軍艦型試験所、航空機実験所、造兵廠を統合して艦政本部の外局として設置された組織である。

関東大震災で一度施設が使用不能となるも、1930年に東京都目黒区へ移設再建されたこの機関は、**艦艇運用における装備と機関部に関する技術研究の実施を主目的としていた**。機関は電気、電波、造船、材料、理学、化学、音響、実験心理の各部門で構成され、静岡県島田市などに実験所を設けていた。

さらに、集められた研究員の中には、戦後にソニーの開発責任者となる岩間和夫、日本ビクターの副社長に就く高柳健次郎をはじめ、各分野で活躍することになる技術者たちが少なくはなく、ノーベル物理学賞を受賞する湯川秀樹博士も協力したことがあるという。

海軍技術研究所は、まさに海軍の技術力を結集した技術開発研究の中心地だったといえるだろう。

研究所が生んだ新技術の数々

では、これら当時の最先端の研究所では、いったいどのような技術や兵器がつくり出され

海軍技術研究所が開発したレーダーを搭載する「伊勢」型戦艦

ていたのだろうか？

まず、海軍技術研究所といえば、やはりレーダー類は外せない。日本は米英に比べてレーダー開発に遅れてはいたが、実用化に成功しなかったわけではないのだ。

その証拠に、研究所は１９４０年という早い段階でマグネトロン（マイクロ波を発生するレーダーの基礎部品）の実用化に成功した。秋の観艦式ではそれを組み込んだ味方識別用レーダー「暗中測距装置」のテストが行われ、空母「赤城」の探知に成功している。

１９４２年春には「伊勢」型戦艦２隻で艦載レーダーの作動試験を実施。データを元に改良を重ね、日本無線の協力で１９４３年に「二号二型」電探と「二号一型」電探が実用化したのである。故障が多発する信頼性の低い装備では

あったが、**1943年7月のキスカ島撤退作戦では守備隊救出艦隊に搭載されて一定の効果を上げ、翌年末までには主力艦のほとんどにレーダーが装備された**のである。

一方の登戸研究所の発明品と言えば、レーダー類はもちろん、缶詰爆弾などの一見変わったスパイ道具が挙げられる。

そうした発明品の中で最もユニークな兵器は、**「風船爆弾」**だろう。

風船という、一見すると大したことのなさそうな名前ではあるが、実際は直径約10メートルの気球である。本体には和紙が使われ、下部には対人用の小型爆弾と焼夷弾が装備されていた。これを偏西風に乗せて、アメリカの本土爆撃を実行したのである。

第一部署が開発を命じられた風船爆弾は1944年より生産体制が敷かれ、約1万個もの「風船爆弾」が出撃したという。

しかし、実際は多くが途中で墜落して、アメリカへ到着したのは1000個ほど。それすらもほとんど戦果を上げられず、被害は墜落した気球に触れた民間人が5人爆死するにとどまったという。

また、**「怪力光線（殺人光線）」**というSFまがいの兵器開発も行われていた。怪力光線とは、強力なマイクロ波による対空兵器のことで、陸海双方で大真面目に開発が進められたが、出力不足を解決できずに研究は中止されている。

このように、数々の兵器と装備を開発してきた陸海の二つの機関ではあったが、実際は予算難や陸海軍間の情報共有の不備、そして上層部

製造中の風船爆弾（写真引用：『風船爆弾秘話』）

からの度重なる要求変更や無理解に苦しめられていた。

レーダー開発では、即戦力に結びつかないとして１９４２年夏に艦政本部から電探研究中止命令が一時下され（命令は秋頃に撤回）、登戸研究所でも、電子研究が主任務なはずの第一部署が風船爆弾の開発を命令されていた。これだけでも、当時の混乱振りがよくわかるだろう。

終戦後、両機関は解散するが、技術者たちは民間企業や防衛庁（現・防衛省）の研究機関に再就職して、疲弊した産業界で奮闘。日本の技術力向上に大きく貢献した。

しかも、秘密兵器のデータが家電製品の開発に流用されたといい、一説には怪力光線の情報を元に電子レンジやコーヒー豆焙煎機がつくられたともいわれている。

大本営

【戦時に設置される陸海軍一元化のための機関】

統帥権を行使する独立機関

日本軍に詳しくなくとも、**「大本営」**という組織名を聞いたことのある人は多いだろう。しかし、その組織の実情についてはあまり知られていない。太平洋戦争中の日本軍を支配し、情報のねつ造で国民を騙し続けた組織、という認識がせいぜいかもしれない。

大本営とは、**戦争や大規模軍事事件の発生に応じて設置される臨時の最高統帥機関**である。

平時の陸海軍は参謀本部、軍令部という独立した軍令機関（軍事作戦を遂行する天皇直属機関）を置いていた。しかし、指揮系統が分かれたままでは効率的な軍事行動が行えない。そこで、**戦時における陸海軍の一元化を担い、天皇の命に従い戦争を遂行するために、大本営が設立された**のである。

設置が検討され始めたのは日清戦争間近の１８９２年。陸軍内では戦時に軍全体を統率する機関の設立を検討し始め、翌年2月に明治天皇から最高統帥部に関する法令起草を命じられると、ただちに計画案を提出した。海軍との議論の末、法令は同年5月24日に「戦時大本営条例」として無事制定。日清が開戦した翌年の6月に、参謀本部内へ大本営が置かれたのである。

大本営会議の様子。奥に座るのは昭和天皇。

日清・日露戦争の大本営

大本営の編成は時代によって異なっている。最初に設置された日清戦争では、人事業務を担当する軍務内局、補給や通信などの後方業務を任務とする兵站総監部、大本営内部の運営業務の大本営管理部といった部署と、天皇への軍事情報を報告する侍従武官、そして大本営幕僚と陸海軍大臣が加わる。大本営幕僚は陸海軍の参謀で構成された大本営の中核であり、幕僚長は陸軍の参謀総長が就任した。

作戦案を天皇が直接立てることはなく、**大本営幕僚と幕僚長が中心となって作戦の基本方針を作成し、上奏して裁可を得てから実行する形式**を取っており、この方法は日露戦争以後でも

基本的には変わることはない。

統帥権の問題から政治家が軍に口出しするのはタブーとされていたが、日清戦争では政治家が何度か大本営に介入している。その証拠に、１８９４年7月末に開かれた大本営御前会議では伊藤博文首相が出席を許されていた。

こうした政治家との協力関係が後の大本営と最も異なる点で、明治天皇の広島進出に従い9月17日に東京から広島へ大本営を移転させたのも日清戦争時代の特徴である。

戦争の勝利で大本営は解散となったが、この解散が新たな問題の始まりとなってしまった。

参謀総長が大本営幕僚のトップを務めたように、日清戦争時の大本営は陸軍の力が圧倒的に強かった。理由としては、明治の日本軍は海軍の権力が弱く、いわゆる「陸主海従」の状態が続いていたからだ。地位向上を図った海軍は、日清戦争終結後、山本権兵衛海軍大臣の主導で陸海の不平等撤廃に力を尽くすようになる。黄海海戦勝利などの名声を武器に、海軍軍令部条約の改正で陸海対等を明文化すると、戦時大本営条例での平等実現にも動き出したのである。

１８９９年に提出された改正案は、陸軍と山県有朋首相の激しい批判に晒されながらも海軍の勝利で終わり、１９０３年に改正案は政府に承諾される。大本営幕僚長は参謀本部長と軍令部長が共同で担うことが決まり、編成に従来の兵站総監部と大本営管理部と同じ役割を持つ海軍軍事総監部も加えられ、完全な陸海平等が達成された。

しかし、**両軍の平等が達成されたことで幕僚長が二人となり、陸海軍の対立が大本営内に持**

広島に設置された大本営へ向かう日清戦争時の明治天皇

ち込まれる可能性ができてしまった。軍事参議院（軍事に対する天皇の諮問機関）の仲介で仲違いこそなかったものの、これによって日本軍の一元化は徐々に崩れていくことになる。

拡大する設置条件

日露戦争が終わると、日本は大規模戦争の危険から遠ざかり、30年以上も大本営が設置される事態は起きなかった。第一次世界大戦の参戦時にも、戦場が太平洋の小規模戦に限定されたことで、見送られていたのである。

しかし1937年の日中戦争で、またもや大本営が設置された。当初は宣戦布告がなかったことで設置は見送られたが、際限のない戦線拡大に対応すべく近衛文麿首相が陸軍へ設置を打

診し、参謀本部は即座に了承したのである。

しかも、陸軍は大本営を現実の状況に適応しやすくしようとした。戦時に限定された条件を、軍事事件にまで拡大しようとしたのである。

海軍も大本営の設置には反対せず、1937年11月の閣議で戦時大本営条例の廃止と設置条件を緩和した「大本営令」の制定が決定。だが、日露戦争時と同じく陸海軍で分断され、幕僚長も2人体制を維持したままだった。

当初は陸海軍大臣や両幕僚長が招集する「大本営会議」で意見統一を成そうとするも、結論までに長期間の討論が必要で即断性に欠けていた。両軍を統帥する天皇も、計画への注意や質問こそしたが、最後まで大本営を自ら動かそうとはしなかった。こうした統一性のなさが新大本営最大の欠点で、もはや軍の効率的な運用は不可能となりつつあったのだった。

最高統帥機関の最期

大本営は太平洋戦争でも引き継がれた。ただし、組織が陸海で分断されたせいで情報の統一ができず、一貫した戦略が取れないことで作戦は場当たり的となる。開戦当初、南方制圧後は防衛に徹するとされた作戦案も、連戦連勝に浮かれて攻勢に切り替えたせいで進軍先の食い違いを招き、陸海の論争に発展したほどである。そのような意見の不一致が対応を遅らせ、ミッドウェー海戦から始まる劣勢の引き金となった。

そして大本営の報道部は、**敗北を隠すべく故意に情報を捻じ曲げた報道を行うようになる。**こうして大本営発表はねつ造報道になった。

朝日新聞

ミツドウエーの戰果擴大

甲巡、潜艦をも撃沈

撃墜飛行機は約百五十

米の宣傳を粉砕

わが戰果を世界に厳示

内務大異動を断行

警視總監、警保、地方局長も更迭

厚生と交流刷新強化

張作相氏ら滿洲國復歸

「歸來許容」の恩赦に浴す

張氏 感激奉公を誓ふ

1942年に起きたミッドウェー海戦は日本軍が空母４隻を失う大敗だったが、大本営は情報を歪曲し、戦果を挙げたかのように装った。その情報に基づき新聞報道も戦果の拡大を報じている（朝日新聞1945年６月16日）

こうした状況を打破するために、１９４４年2月に東条英機首相は陸軍大臣と参謀総長を兼任し、嶋田繁太郎海軍大将に海軍大臣と軍令部総長の二役を任せていたが、マリアナ諸島失陥後の同年7月に東条内閣が解散したことで試みは失敗。続く小磯内閣も軍部の統率は成せなかった。

結局、**大本営陸海軍部の統一が検討され始めたのは、１９４５年３月から**である。戦争末期、本土決戦に備えて検討された長野県への大本営移設は、8月15日の終戦で中止され、戦後、連合国軍最高司令官総司令部（ＧＨＱ）の命令で9月13日に解散となった。陸海の一体化を目指して設立された大本営だったが、結局は行き過ぎた平等で分裂状態に陥り、敗戦を迎えてしまったともいえよう。

【冷遇された戦争後期の重要組織】

海上護衛総隊

輸送船団を護衛する組織

資源に乏しい日本が国力を維持するには、輸入に頼るしかなく、輸送船団の維持、シーレーンの確保が不可欠だ。そこで二つの海上護衛隊がシーレーン防衛を担当していたが、それぞれが独立して運用されたことで、効率的な行動が取り辛く、船団の被害を食い止められなかった。

そこで設立された**船団護衛の統率機関が「海上護衛総隊（海上護衛総司令部）」**である。

その役割は海上護衛隊を一元化するだけでなく、全国の鎮守府と警備府による護衛活動を統一し、**船団護衛に関する業務のほぼ全てを担っていた。**

支那派遣軍が担当した中国沿岸部のように、例外地域も一部存在したが、未担当は僻地の航路だけで、北は北海道、南はマレー半島までの主要航路は全てが護衛の範囲だった。もちろん資源輸送だけでなく、陸海軍による物資輸送の護衛も任務に含まれる。

設立初期の戦力は、駆逐艦15隻、海防艦（領海防衛を担当する小型艦）18隻を主力とし、状況に応じて掃海艇や機雷敷設艇など、補助艦と鎮守府に所属する航空隊の使用が許可された。

その他にも、護衛専用の「第901航空隊」と

海上護衛総隊に編成された大鷹型空母「海鷹」。元々は民間で運用されていた貨物船だったが、太平洋戦争勃発に伴い海軍が購入して空母に改造した。しかし、航空機の運用に不向きな小型艦で速度も遅く、実戦向きではなかった。

「大鷹」型空母４隻が配備され、数字の上では日本有数の部隊となっていた。

これらの部隊は元海軍大臣・及川《おいかわ》古志郎《こしろう》大将と作戦参謀・大井《おおい》篤《あつし》中佐によって指揮され、船団の生存率は飛躍的に伸び、シーレーン防衛はより強固になるはずだった。しかし、結論から言えば、**海上護衛総隊が防衛に役立つことは、まずなかった**のである。

海上網整備への無理解

活躍できなかった最大の原因は、大本営の冷遇にある。そもそも、組織の設立は１９４３年11月と非常に遅く、ようやく軍令部で護衛の本格化が検討され始めた段階だったという。同年10月だけでも約16万トンの船舶が沈められ、沈

没数が右肩上がりを続けているというのに、だ。

編成も、数こそ揃ってはいたが、駆逐艦は旧式しかなく、補助艦も遠洋航行に耐えられない艦が多かった。第901航空隊に至っては基礎訓練も済んでおらず、空母は民間船の改造式で、大規模修理や改装が必要なオンボロだった。

そのうえ、組織の将官にすら船団護衛の専門家が一人もおらず、傷病で療養中のまま任命された参謀すらメンバーにいたという。

これほどまでに軽んじられた理由。それは、**連合艦隊による決戦主義の弊害**だ。

日本海軍は艦隊決戦による勝利を対米戦の基本戦略とし、戦力の整備を行ってきた。そのため、優秀な装備や人材は水上艦隊へ最優先で配備され、裏方とされた船団護衛は後回しにされていた。戦闘部隊が優先されるのは世界でも珍しくないのだが、問題は輸送船の被害が拡大しても優先順位を変えず、前線からの艦艇派遣を訴える大井らの意見を退け続けたことだ。

装備についても、ソナーは旧式、レーダーは配備すらされず、被害は増加の一途を辿っていた。1943年12月の被害は約21万トンだったのに対し、翌年1月には約34万トン、レイテ沖海戦前の9月には約42万トンを超えていたほどである。暗号解読による待ち伏せも被害拡大の要因の一つだが、本格的な対処がされることはなかった。次第に護衛艦隊すら犠牲になることも珍しくなくなり、「大鷹《たいよう》」型空母も3隻が1944年11月までに沈没、残る「海鷹《かいよう》」も終戦まで修理ドッグを出なかった。

そして、1945年4月、海上護衛総隊の活動は完全に破綻することになる。きっかけは、

護衛艦用に燃料を確保していた海上護衛総隊だが、大和出撃用にまわされてしまい、輸送作戦に支障が出た。結局、上層部がシーレーン確保に理解を示さなかったため、海上護衛総隊は十分な装備や編成を整えることができなかった。

あの戦艦「大和」にあった。

アメリカ軍が沖縄に侵攻したこの時、南方航路を封鎖された大井らは、大陸方面からの輸送作戦を計画中だった。上層部への説得で護衛艦用の燃料7000トンを確保して、作戦を検討し始めた矢先に連絡が入った。大和出撃用に燃料を4000トン抽出すると言うのである。

「水上部隊の栄光が何だ、この馬鹿野郎！」

命令を伝えた参謀へ大井はそう怒鳴りつけたというが、無理はない。大陸方面の輸送は不十分に終わり、機雷による海上封鎖も合わさって、海上輸送は不可能となる。そのため、日本に継戦能力はなくなり、**極度の資源不足なまま終戦を迎えた**。

決戦にこだわり海上護衛をおろそかにした代償は、あまりにも大きかったといえよう。

陸軍大学校の同期生と写真に写る石原莞爾

第3章 極秘作戦を遂行したエリート軍人たちの素顔

【次代を担うと期待された陸軍の秀才】

永田鉄山

戦争の新体制を予見した逸材

「もし暗殺されなかったら、東条英機ではなくこの将校が首相になっていた」

そう評されることの多い天才将校が、日本陸軍にはいた。総動員体制の基礎をつくり、その一方で統制派と皇道派の抗争を引き起こした将校・**永田《ながた》鉄山《てつざん》**だ。

永田は、1884年に、長野県諏訪市で医者の息子として誕生した。幼少の頃は平凡な少年だったが、父親の死を機に学問へ打ち込むようになる。

「軍人になり国家へ尽くせ」という趣旨の遺言に従って陸軍幼年学校に入学すると、卒業後は陸軍士官学校を首席、陸軍大学校を2番の成績で卒業し、恩賜の刀を賜っている。

試験前に課目外の中国語を勉強していたほどの優秀さで、同期の小畑《おばた》敏四郎《としろう》に「自分たちが惨めだから勉強の真似だけでもしてくれ」と言われたという逸話まで残っている。**「将来の陸軍大臣」と呼ばれるほどの期待を背負った、陸軍のエリート**だった。

そんな永田の運命を変えたのが、1915年から就いたスウェーデン駐在任務だった。

当時のヨーロッパは第一次世界大戦の只中に

陸軍の次代を担うと期待された永田鉄山。陸軍士官学校、陸軍大学校を優秀な成績で卒業し、ヨーロッパ視察後に書いた総力戦に関する論文が宇垣一成などから高く評価された。岩波書店店主岩波茂雄をはじめ、軍以外の人脈も広かった。

第一次世界大戦に出兵した歩兵たち。ヨーロッパ戦線を視察した永田は、戦争が人員、産業、工業、資本など、国力をすべて投入する総力戦の時代に突入したことを悟り、日本にも総力戦体制を敷こうと決意した。

あり、中立国から戦況を分析していた永田は、戦争の形が変化したことを理解した。

新兵器の実用化はもちろん大事だが、それ以上に注目したのが、戦争は軍隊のみが戦う形式から、国民、産業、工業力など国力の全てを投入する形へ移行したことである。**こうした、国家が持つあらゆる要素を動員した戦争を「総力戦」と呼ぶ。**

今後の戦争では国力の差が一層重要になるのは確実で、国民と生産力を効率的に戦争を支える産業に動員する体制を整えなければ総力戦で勝つことはできない。

そう考えた永田は、1917年に一時帰国すると臨時軍事調査委員会の役員に就任し、大戦の教訓を活かして陸軍と国家の大改造を目指したのである。

失われた陸軍の至宝

改革を遂行する上で最大の障壁となったのは、陸軍と政府の腐敗だった。大正初期の陸軍は長州閥の独裁制で柔軟性を失い、政府は与野党の政争に明け暮れるばかり。さらに、大正デモクラシーによる軍隊軽視も合わさり、早期の改革は不可能だった。

目標達成にはまず軍の清浄化が必要と悟った永田は、スイス駐在武官時代の1921年に、同じく海外勤務の岡村寧次《おかむらやすじ》ら3人の同志とドイツで議論を交わし、後に石原莞爾らを加えて藩閥制の打倒と総動員体制の確立による国家改造を誓う密約を交わしたのである。

まず初めに取り組んだのは、**長州閥の弱体化**

永田とともに陸軍三羽烏と称された小畑敏四郎（左）と岡村寧次（右）。士官学校の同期でもあり、腐敗する政府・軍部の刷新を目標に団結していた。

で、その目的のために**職権を乱用して徹底的な態度を示した**。

帰国した1923年に、永田は陸大教官となるのだが、彼の就任を境に長州出身の合格者が激減したのだ。なぜそのようなことができたのか正確にはわかっていないが、同時期には密約の同志・東条英機と小畑敏四郎も教官に就任していたため、3人が結託して受験結果を操作したのでは、との憶測もある。もちろん目的は、長州出身者の幹部を減らし、派閥を弱体化させるためだった。

それからほどなくして、永田鉄山は総動員体制の成立に向けて動き出した。将来の大戦を見据えた説得に、陸軍省は一定の理解を示し、1926年には準備委員会が発足。同年の秋には軍事工場の指導と生産品の統制だけでなく、

人員召集の管理などを受け持つ「整備局」が陸軍省内に設置され、総動員体制の基礎固めが進んだ。設立の支持者だった永田は初代動員課長として、主に自動車産業の拡大に力を入れることになる。

　このように、体制が順調に整備される中で、永田の属する「一夕会」では、満州制圧についての議論が活発化していた。

　一般的には、永田は満州制圧支持派であったと言われ、軍務局軍事課長だった1930年に関東軍へ榴弾砲を送ったことがその証拠であるといわれている。

　しかし昨今では、満州制御こそ賛成したが、暴力的な手段には否定的だったことが同僚の鈴木貞一による証言で明らかになっている。少なくとも永田は、満州事変については否定的な立場だったようだ。

　事実、満州での行動を知った永田は不拡大の方針を支持し、事件後は関東軍の押さえ込みに尽力していた。

　その後、1934年には軍務局長への出世を果たし、軍の機械化と防空施設の拡大などを推進。この実績が高く評価され、「陸軍の至宝」と呼ばれるほどになったのである。だが、その一方で、**盟友小畑との間で対立が生じ、統制派と皇道派の抗争を引き起こしてしまった**。加えて、政府との協調路線を選んだことから、若手将校から弱腰だと非難されるようにもなった。

　そして遂に、永田憎しの感情が爆発した。1935年8月12日、真崎甚三郎教育総監の罷免を永田の仕業と思い込んだ皇道派の相沢三郎中佐が軍務局へ侵入し、執務中のところを襲

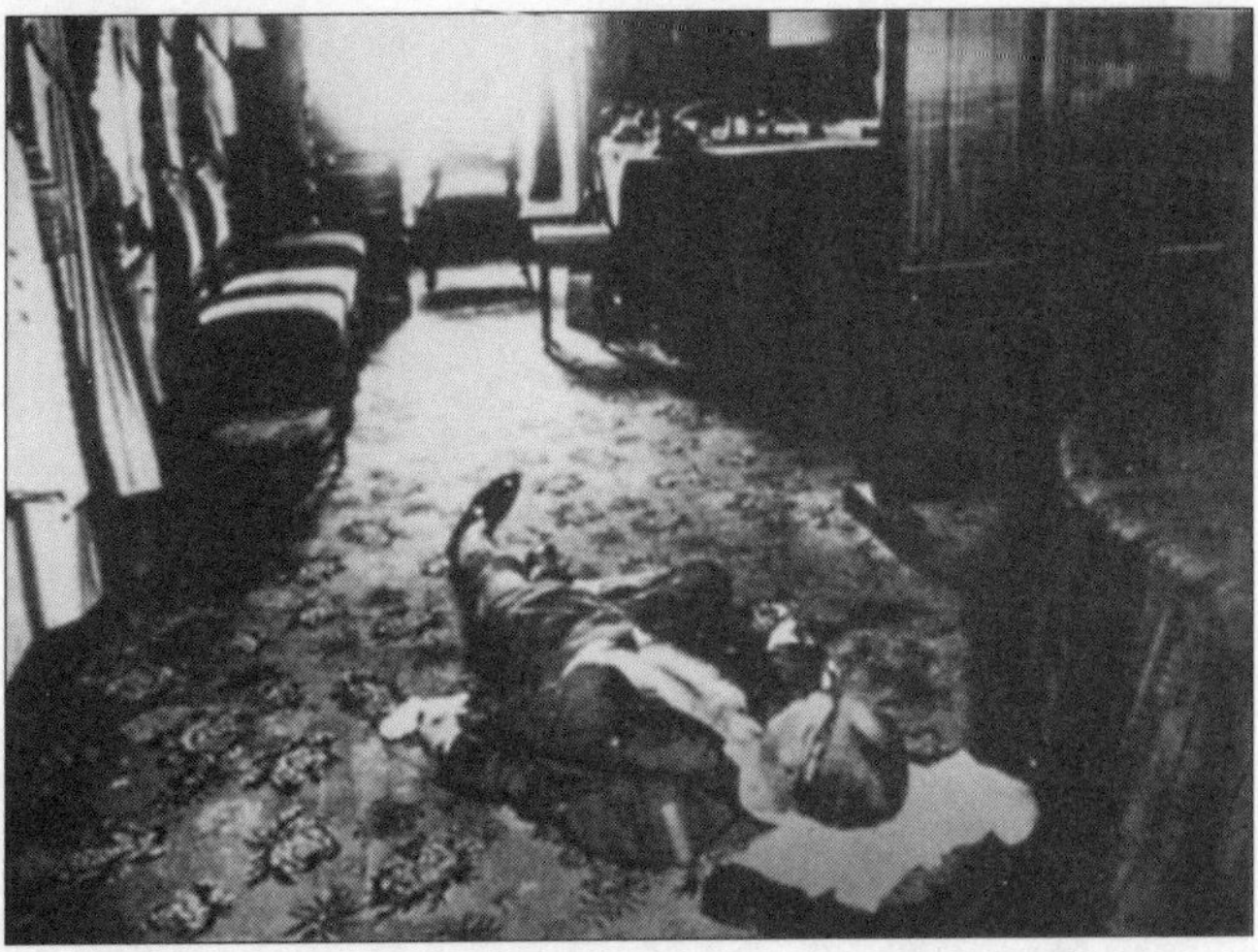

1935年8月、皇道派の相沢三郎中佐によって斬殺された永田鉄山

撃。全身を滅多切りにされた永田は、その後死亡が確認され、陸軍の至宝は凶刃に倒れたのだった。

相沢は事件後に逮捕されたが、暗殺の影響は計り知れなかった。永田は政府や国民と協調した上での総動員体制成立を目指したが、彼の死で方針は変えられ、軍主導の動員制が敷かれることになる。そして、監視の外れた関東軍は強固な姿勢を強めていき、中国の反日感情を高めていくことになった。

もし暗殺がなかったら、永田が陸軍大臣となり、関東軍の暴走は最小限になって、総動員体制の内容も史実とは異なったものになったかもしれない。日中関係の悪化も多少は緩和され、日米開戦へとつながる日中戦争回避の可能性が否めなくはないが、すべてはあとの祭りである。

【関東軍を指揮した若きエリート】

石原莞爾と板垣征四郎

満州事変の二大参謀

中国大陸の東北地域に築かれ、日本が国際的に孤立するきっかけともなった傀儡国家・満州帝国。**この満州国誕生のきっかけは、２人の陸軍軍人によってつくられた。**それが、陸軍最高の天才と呼ばれた作戦参謀・**石原莞爾**《いしはらかんじ》と、事実上満州の支配者となる高級参謀・**板垣征四郎**《いたがきせいしろう》である。

１８８９年に山形県で生まれた石原は、とにかく破天荒な人物として有名だった。学生時代には写生の宿題に自分の性器を描いた絵を提出したとされ、陸軍入隊後のドイツ留学でも、プライベートでは洋服を着ずに袴を愛用していたほどである。

だが、軍事の面では非凡な才を発揮し、陸軍幼年学校を主席、陸軍大学校は次席卒業を果たしたエリート軍人でもあった。しかも、授業をサボって試験前に少し勉強していただけでこの成績である。

ドイツから帰国した石原は、１９２４年に陸大教官となるが、当時は中国内戦の激化で日本の満州利権が脅かされていた時期でもある。すでにこのときから、石原の戦略研究は始まっていた。

関東軍を指揮して満州事変を引き起こし、満州国誕生のきっかけをつくった陸軍の参謀・板垣征四郎（左）と石原莞爾（右）

満州国に日本軍の駐屯などを認めた日満議定書の調印の様子

数年後に「一夕会」の前身である「木曜会」に身を置いた石原は、教官時代の研究結果を元に、組織の会合で満蒙地域の直接統治による国力増強を主張。すでに満州占領を計画していた東条英機らもこれに同調し、1928年に関東軍作戦主任参謀として旅順へ派遣された。

派遣の目的は当然、関東軍による満州制圧の準備である。

「必ずや満州を頂戴してご覧に入れましょう」

そう豪語する石原。そんな彼を支援するため、翌年に高級参謀として着任した一夕会の仲間が、板垣だった。

陸軍の方針と石原の思想

かくして満州の制圧は、石原・板垣コンビを中心に進められることになる。

石原がここまで満州制圧を望んだのは、関東軍という組織の方針以上に、彼自身の思想が強く影響していた。

「天皇よりも日蓮の方がえらい」と豪語するほど熱心な日蓮宗教徒でもあった石原は、法華経の教えと自分の持つ歴史観を組み合わせた独自の未来予測を提唱する。

石原が**「最終戦総論」**と名付けたこの予測によると、将来の世界はアジアと欧米各国が対立状態に陥り、最終的には日本とアメリカの間で世界戦争が勃発する。そんな最終戦争に打ち勝つためには、**アジアに東亜連盟を樹立して高い生産能力を得なければならない**。そう石原は考え、その第一歩として満州制圧に取り掛かったのである。

満州のチチハルに入城する関東軍

板垣の協力を得て、石原は多くの将兵を味方に引き入れた。
そして、1931年9月18日に奉天郊外の柳条湖にて自作自演の線路爆破事件を引き起こすと、それを反日勢力のテロ行為と断定。旅順の関東軍司令部から援軍を得て、奉天への全面攻撃を決行する。
このとき、陸軍省と日本政府は事件不拡大を命じていたが、関東軍司令官・本庄繁中将は本土の意向を無視して戦線拡大を認め、国境を接する朝鮮軍司令官・林銑十郎中将も石原らの行動を黙認した。
その上、参謀本部にすら、第一部長・建川美次《たてかわよしつぐ》少将のように、本土での説得工作を図る将校がいたぐらいだ。その中には、石原や板垣が所属する一夕会に属さない一般将校も少なくな

かったという。

　このように、満州における軍事侵攻は、石原だけでなく陸軍強硬派の総意によって引き起こされたと言っても過言ではない。

　後に**「満州事変」**と呼ばれるこの軍事事件は、軍閥・張学良軍がほぼ無抵抗で撤退したことで関東軍が翌年の2月までに満州の全土を占領するにいたった。

　当初は日満併合を計画していた関東軍であったが、国内外からの批判を恐れて親日国家の樹立に切り替え、同年3月に清王朝最後の皇帝・溥儀を頂点とした満州国建国を宣言した。

　こうして建国の実行者となった石原と板垣。だがその後に二人の辿った道は、数奇なものとなった。

　石原は満州国を万民平等の王道楽土にするべく活動したが、１９３２年の人事異動で本土に帰り、二・二六事件の鎮圧を経て１９３７年に参謀本部第一部長に就任。しかし、日中戦争に反対したことにより、左遷の形で再び関東軍へ戻された。

　そこで石原が見たのは、関東軍に軍事支配された傀儡国家・満州の有様だった。

　楽園を目指す石原にとって、関東軍の横暴は許し難く、関東軍参謀長だった東条英機との権力争いが起こった。

　この争いに、もしも石原が勝っていれば、支配体制は見直されたかもしれない。だが、強硬派のほぼ全てが味方についた東条には敵わず、石原は１９３８年に帰国することとなってしまった。さらに、陸軍大臣となった東条の手により１９４１年に予備役へ編入され、表舞台に

満鉄を中心に都市開発された満州国大連の広場

立つことは二度となかった。

一方の板垣は関東軍に協力して出世を重ねていった。1936年に関東軍参謀長となり満州を事実上支配すると、役職を東条に譲り、最終的には陸軍大臣にまで登りつめる。出世争いについては、石原と板垣で明暗が分かれてしまったのである。

しかし太平洋戦争が終わると、戦中も朝鮮軍司令官や第七方面軍司令官を歴任していた板垣は、満州事変の責任を問われてA級戦犯に指定され、処刑される。

一方、満州事変の主犯格であるはずの石原は、反東条派だったことや重病による連合軍からの尋問不足が幸いし、東京裁判でも不起訴処分に終わる。最後の最後という局面で、両者の行く末は再び逆転したのだった。

【ソ連に大敗したノモンハン事件の主導者】

辻政信と服部卓四郎

日本とソ連の武力衝突

１９３９年、日本陸軍とソ連軍が全面衝突した**「ノモンハン事件」**が起きた。

日ソ戦争の危機に陥ったこの事件は、本当であれば避けられたはずの戦いだったといわれている。それを回避不能としたのが、関東軍参謀の**辻政信《つじまさのぶ》大佐**と**服部卓四郎《はっとりたくしろう》中佐**、２人の参謀による独断だった。

辻と服部は、共に陸軍大学校を優秀な成績で卒業したエリートだった。中でも辻は人情味のある模範的な士官ではあったが、その一方では血気盛んで横暴な面もあり、過激派で知られる桜会にも参加していたほどだった。そうした負の側面が、対ソ対策で噴出したのかもしれない。

１９３６年４月、辻は関東軍参謀部へ配属されたのだが、この頃は満州国建国によって日本が事実上、ソ連やモンゴルと地続きになり、国境線に関する外交問題を抱えた時期でもある。実際、１９３８年に国境沿いで起きた紛争は約１６０回を数えていた。

事態を重く見た辻は関東軍司令部へ解決案を起案。しかし、その解決案には問題があった。辻の主導で作成された「満ソ国境紛争処理要綱」の内容は、日本側の司令官が国境線を決め、

ノモンハン事件を指導した関東軍の服部卓四郎（左）と辻政信（右）

日本軍とソ連軍が国境線をめぐって衝突したノモンハン事件

紛争時には相手国内への限定的な侵入を認めるという過激なもの。反撃は最小限度と定めた本土の方針とは正反対であるうえに、相手国土への攻撃は日ソ全面戦争の危機すら孕んでいる。

にもかかわらず、関東軍司令部は辻の要綱を承認し、4月25日に満州全土の部隊へ示達してしまったのだった。

5月11日、満州国とモンゴルの国境沿いに流れるハルハ河近辺で小競り合いが発生すると、同地を守備する第23師団は要綱に基づき、東支隊約220人による反撃を決行。

対するモンゴル軍は巧みな撤退戦で時間を稼いでソ連の援護を待った。援軍が到着したのは28日。その日からモンゴル軍とソ連軍は日本軍を攻撃した。これが、ノモンハン事件勃発の全容である。

第23師団も山県支隊約2000人を増援として派遣したが、ソ連軍の兵力はそれを上回る約1万人。さらには、多数の戦車が配備され、火力に乏しい日本軍は撃退された。

しかし、航空戦では技量に勝る日本航空隊が終始ソ連を圧倒し、50機以上を撃墜。こうした陸の敗北と空の勝利で、第一戦は日ソの痛み分けで終わったのである。

独断で拡大させた戦線の責任

日ソの戦闘を知った参謀本部は、直ちに関東軍へ停戦命令を下す。過度の反撃は日ソ開戦に繋がるとの判断だ。だが、本土からの命令が前線に届くことはなかった。その原因は、**辻による停戦命令の握りつぶし**だ。そして辻は服部と

ノモンハンにおけるソ連軍。戦車を導入し、日本を上回る兵力数で進攻した。

共同で関東軍司令部を説得し、さらなる増員を認めさせた。

本来なら、参謀本部は命令に逆らう辻らを逮捕してでも、戦闘を止めなければならない。しかし、元関東軍参謀の板垣征四郎陸軍大臣が事件を黙認したことで強硬な手段が取れず、関東軍は6月27日に、ハルハ河東部のノモンハンへの大規模派兵とタムスク基地への空爆を決行したのである。

ノモンハンへ派遣された日本軍兵力は約1万5０００人。しかし、ソ連軍の兵力は約5万7０００人にまで膨れ上がり、7月3日からの地上戦では、またもや物量に勝るソ連軍の猛攻に蹴散らされた。前回は優勢だった航空戦ですら、日本軍が得意な格闘戦（旋回しながら機銃で打ち合うドッグファイト）から、一撃離

脱戦法（上空からの急降下で攻撃して離脱するヒットエンドラン）に切り替えたソ連空軍が劣勢を覆していた。

三度目の侵攻も計画されたが、今度ばかりは大本営が攻撃中止を命令し、9月16日に日ソ間で停戦協定が結ばれることになる。

第二戦での日本軍死傷者は約1万8000人。ソ連軍の死傷者は日本軍を上回っているとの説もあるが、国境線の大部分がソ連とモンゴルの主張どおりに定められたことを踏まえれば、ノモンハン事件は間違いなく日本の敗北だった。

事件後、関東軍では責任を追及するため非公開の軍法会議が開かれた。これだけの大損害を出した事件であることから、軍法会議の対象となった前線指揮官は大部分が左遷となり、井置栄一中佐のように自決を強要された指揮官も少なくなかった。

では、首謀者の辻と服部はいかなる重罰を科せられたのだろうか？　**意外なことに、最も責任が重いはずの2人は、関東軍からの左遷で済んでいた。**

ノモンハンの司令官である荻洲《おぎす》立兵《りゅうへい》や人事局長の野田謙吉は辻の排除を主張したが、結局その声は無視された。まさに、下に厳しく、上には甘い日本軍の悪しき性質が、如実に表れた結果といえよう。

その後、服部は太平洋戦争前の1940年に参謀本部へ復帰し、辻は開戦後に第25軍作戦参謀となり南方侵攻の指揮に関わった。

しかし、ここでも辻は問題を起こした。マレー半島で、嫌がる憲兵隊の意見を聞かずに華

ソ連に捕まった日本人捕虜。ノモンハンでの衝突の結果、国境線はソ連の主張どおりになり、結果的に日本の敗北で幕を閉じた。

僑の弾圧を命令したのだ。

この時の態度が問題となって、戦後は戦犯に指定されていたが、終戦直後に軍を脱走して行方不明となる。５年後に戦犯指定が解除されると表舞台へと戻り、逃亡中の体験記を出版して評判を呼ぶと、最後は衆議院・参議院議員へ上り詰める。しかし、１９６１年、ラオスへ視察に出かけた途中に消息を絶ち、今も不明のままである。

服部は戦後ＧＨＱの戦史製作に協力し、アメリカに好印象を与えつつ日本再軍備を目指す「服部機関」を設立して、**警察予備隊（後の自衛隊）の誕生にも影響した**とされている。

両者は軍人としての資質に疑問符が付く一方で、処世術に関しては非凡な才を発揮して戦後を乗り越えたようだ。

【日独伊三国同盟に反対した海軍の良識派】

米内光政

叩き上げの現場主義者

日独伊三国同盟反対に始まる、山本五十六の反戦運動を支援した盟友。それが海軍三羽烏の一人・**米内光政**だ。こう聞くと、これまで見てきたような軍人たちと同じように、兵学校でも好成績を残したエリートを想像してしまうが、実際には、当初の評価はあまり高いとは言えなかった。

米内の海軍兵学校卒業時の成績は125人中68位という中の下クラス。無口で目立つこともなく、在学中は「グズ政」というあだ名までつけられるほどで、同級生からもパッとしない人物だと見なされていたようだ。

一方で、人一倍の勤勉さを持ち、教官からのイジメにあっても、「立派な士官にするため鍛えてくださっているのだ」と好意的に捉える好青年でもあったという。

そんな米内は、後年こそ政府での働きが評価されているものの、当初は政治活動への興味は全く持っていなかった。

それは経歴を見てもよくわかる。少尉任官翌年の1904年から経験した日露戦争従軍をはじめ、艦長職や艦隊指揮官を歴任。軍令部や砲術学校で勤務したこともあった

山本五十六、井上成美とともに日独伊三国同盟締結に反対した海軍の米内光政

が、どちらかといえば前線での経験が多い現場主義の指揮官だった。そして、勤勉な性格が幸いしてか、艦隊勤務で大きな失敗はなかった。だが、それと同時に目立った功績もなく、1930年には現在の韓国にあった鎮海要港部へ左遷となる。この鎮海要港部は退職寸前の将官が着任する、海軍の追い出し部屋ともいうべき部署だったが、米内は腐ることなく、空いた時間に読書や研究を続けて力を蓄えていたのである。

そうした忍耐を続けているうち、1932年には第三艦隊司令長官として実働部隊への帰還を認められた。

この頃になると、米内は**規律を重んじながらも部下への気配りも忘れず、さらに任務を確実にこなす堅実な態度も評価**され、「将来は大物

になる」と予想する将官も少なくなかったという。

その後、1933年に佐世保鎮守府司令長官、1934年の第二艦隊司令官と順調にキャリアを重ね、1936年12月に念願の連合艦隊司令長官に栄転する。

ところが、連合艦隊での勤務は2カ月しか続かなかった。林銑十郎内閣の発足時に永野修身海軍大臣が続投を拒否したことで、その後任に抜擢されたからだ。しかも米内を推薦したのは、砲術学校の教官時代に関係を深め、後に同盟問題で共闘することになる山本五十六海軍次官だった。

不慣れな軍政への進出に、米内は当初、難色を示したものの、前海軍大臣直々の命令とあっては受け入れる他ない。こうして1937年2月、米内は海軍大臣に就任したのである。

同盟推進派との戦い

「大臣なんて俗吏（卑しい役人）だよ」

憧れだった連合艦隊司令長官を辞職させられた米内は、友人の高橋三吉大将に愚痴を漏らしたという。しかし、**「責任感が強く大臣には最適」**という山本の推薦どおり、職務を投げ出すことなく誠実に全うし、林内閣から平沼騏一郎内閣までの3期にわたって大臣職を務めた。

そうした任期の中で直面した最大の問題が、**日独伊三国同盟の締結**だろう。

世界からの孤立とソ連対策のため、陸軍の主導で進められた独伊との同盟に対し、米内は山本、井上成美らと共に反対運動を始める。実働

平沼内閣の閣僚たち。左後方の帽子を被っているのが海相を務めた米内。

部隊勤務の多かった米内は海軍の戦力を熟知しており、**もしファシスト国家と関係を深め、米英と戦争になれば勝ち目がないことを理解していた**からだ。

そして米内は、首相と陸海外蔵相が参加する五相会議の席で、米英に対して日本海軍が勝てる見込みのないことをはっきりと述べ、陸軍や同盟賛成派をけん制したのである。

こうした米内らの抵抗もあって、陸海軍の意見は一致せず、同盟案はすぐには可決されなかった。

さらにドイツがソ連と不可侵条約を結んだことも追い風となって、同盟を検討していた平沼内閣は1939年8月に解散。日独伊同盟締結の危機はひとまず回避された。

内閣解散後、米内は続投を拒否して吉田善吾

中将に後任を譲り、自身は軍事参議官として軍務に復帰する。そして山本が同盟賛成派から命を狙われるのではないかと危惧して海軍次官のポストから外し、連合艦隊司令長官へ異動させたが、これが誤りだった。

同盟反対派の中心が政府を離れたことで、賛成派が息を吹き返したのである。

米内の続投拒否には同盟回避への油断や政争での疲労が影響したのかもしれないが、騒動に関わった閣僚を極力入閣させないという新内閣の方針もあって、反対派の勢いはそがれていった。山本、米内以上に同盟に反対した井上成美も、米内退陣から2カ月後に支那方面艦隊参謀長となって政府から離れている。同盟締結は時間の問題かと思われた。

こうした事態に危機感を抱いたのが、なんと昭和天皇である。

1940年に阿部信行内閣が解散した際、天皇は湯《ゆ》浅《あさ》倉《くら》平《へい》内大臣を通じて米内の呼び戻しを政府に命じていた。しかも、次期内閣総理大臣の席を用意しての大抜擢だった。

天皇が米内を推したのは、当時、暴走の様相を呈していた陸軍を食い止めるためだったといわれている。

かくして同年1月、米内内閣は成立したが、三国同盟を潰し、日中戦争にも消極的な態度をとった宿敵ともいえる米内の就任を、陸軍が許すわけはなかった。

ヨーロッパにおけるドイツの快進撃に呼応して、陸軍は同年6月に畑俊六陸軍大臣を辞職させ、後任を選出しなかった。現役武官制度が復活していた当時では、内閣を運営するには陸海

1940年9月の日独伊三国同盟締結に伴い帝国ホテルで開かれた祝賀会の様子

軍の現役将校を大臣にする必要があり、陸軍が後任を出さなければ総辞職するしかない。こうして**米内内閣は同年7月に瓦解し、続く第2次近衛内閣で同盟案は成立した**のである。

日米の戦力差を熟知していた米内率いる内閣なら、長期政権になっていれば太平洋戦争は起きなかったかもしれないが、蚊帳の外に置かれた米内にできることはなかった。

その後、米内の盟友・山本五十六の指揮でハワイの真珠湾への攻撃を成功させた日本は、対米戦争に突入した。

予備役に甘んじていた米内が再び表舞台へ復帰するのは、東条内閣が崩壊した1944年のこと。日本の敗北が見えてきた中、与えられた役割は、海軍大臣として終戦工作に携わることだった。

【マニラ攻略を成功させた陸軍中将】

本間雅晴

フィリピンを落とした将校

「昭和の陸軍将校」という言葉を聞くと、満州事変やノモンハン事件など、数々の事件を起こした陸軍のイメージから、荒々しい猛将を連想するかもしれない。

だが、気性の荒い将軍は全体の一部でしかなく、知性と仁義に溢れた将軍も実はいた。その代表といえるのが、**本間雅晴**中将だろう。

親独派が多い陸軍の中で、本間は数少ない親米派であった。士官学校卒業後にはイギリス駐在を体験し、滞在中に英語と英国式の礼儀作法を学び、帰国後には陸軍随一の米英通となっていた。そのため、陸軍には数少ない米英戦争反対派でもあった。

また日本文化にも馴染みが深く、詩や和歌に精通している一面もあった。そうした文化的な一面と紳士的な性格のため、「文人将軍」と称されていたという。

この文化系の将軍が最も功績を挙げた作戦が、フィリピン攻略戦だった。

太平洋戦争時のフィリピンはアメリカの植民地であり、南方資源地帯との輸送航路を確立するため、日本陸軍は進出を狙っていた。

そうした背景から、１９４１年12月22日、本

1941年12月下旬のフィリピン攻略で戦果をあげた本間雅晴陸軍中将。士官学校卒業後にイギリスに留学して米英に対する知見を深め、陸軍には珍しい米英通となった。

フィリピンの首都マニラに向けて進軍する日本軍

間率いる第14方面軍は、フィリピン進攻作戦を開始する。本間の任務は、ルソン島への進攻である。

このときの戦況は日本軍有利に傾いており、すでに空襲で航空基地が壊滅していたアメリカ軍は、ダグラス・マッカーサー将軍の指揮で首都マニラを放棄。島南部のバターン半島へと撤退する。このバターン半島こそが、フィリピン戦最大の激戦区であった。

半島はほとんどがジャングルと山岳地帯に覆われ、アメリカ軍による要塞化も相まって、攻略戦は熾烈を極めた。投入された一個師団が戦力の大半を失い、壊滅状態となるほどの激戦だった。

攻撃を中断した本間は本土へ援軍を依頼し、1942年4月3日から攻略を再開。陸軍史上最大とされる一斉砲撃と辻政信らの攻撃的な戦術がプラスに働いたことに加え、アメリカ軍の食糧不足にも助けられ、4月11日までに要塞の陥落に成功した。

こうして本間は**フィリピンを攻略し、南方への入口を築いた**のである。

だが本当の苦労はむしろ作戦後に待っていた。そしてここでの行動が、本間の運命すら大きく変えることになったのだ。

バターン死の行軍

フィリピンを占領した本間ではあったが、事後処理の最中に思いがけない事態が起こった。捕虜の総数があまりにも膨大だったのだ。降伏したアメリカ軍とフィリピン兵の数は約7万

本間雅晴率いる第14方面軍はアメリカ軍との戦いに勝利。写真は降参するアメリカ兵とフィリピン兵。しかし、投降者が予想を遥かに上回る数にのぼったため、収容所を求めて大移動をすることになる。

人。保護された一般市民を含めると、10万人以上にも膨れ上がっていた。

「これだけの兵が残っているのになぜ降参したのか」

「生きて虜囚の辱めを受けず」と教えられてきた日本軍将兵はそう思ったかもしれない。

だが、そんな疑問を真剣に考えるより前に、本間はより現実的で深刻な問題の解消を迫られていた。**捕虜の数が膨大だったせいで、現地での収容が不可能となっていた**のだ。

そもそも、日本軍が想定した捕虜の数は2万5000人程度であり、4倍近くの将兵や市民の世話を現地でする余裕はない。よって、これら10万人規模の捕虜たちは、バターン半島の付け根にあるサンフェルナンドまで連行されることになった。

トラックによる全員輸送も考えられたが、その多くが修理中か軍事物資の輸送に割り当てられて使用は困難。移動手段は当然、徒歩となる。部隊によって移動距離は違ったが、**最短で60キロ、最長で120キロという長い行程を、4日間かけて行軍した**のである。

南方特有の炎天下、日本軍側の食料すら乏しい中では、捕虜も満足に食事を与えられなかった。マラリアに罹って高熱や吐き気に襲われる者も少なくなく、極度の過労に陥った捕虜たちは次々と倒れ、命を落としていった。

惨状を知った本間は対処を命じ、押収したアメリカ軍の食料を与えたり、昼間の行軍を中止したりするといった対策が講じられはしたが、**到着までに多数の死者を出してしまった。**死者の総数は、最低でも1万人は下らないとされている。

こうした行軍の詳細は、逃亡した捕虜によってアメリカ本土へ伝えられ、軍は捕虜虐待の具体例としてプロパガンダに利用した。

現代にも語り継がれる**「バターン死の行軍」**「デスマーチ・オブ・バターン」はこうして誕生したのである。

ただし、捕虜の大量死という悲劇が起こったことは事実だが、日本軍が組織的に捕虜を殺したわけではない。

個人的な感情で暴行を加えた将兵もいたにはいたが、死亡の最大原因は10万人規模の捕虜運行という前例なき作戦に直面した日本側の混乱によるところが大きかったのだろう。本間が終戦後に軍事法廷で行軍の罪を問われた際に、全く事情を飲み込めなかったことからも、本人が

１万人におよぶ死者がでたバターン死の行進

捕虜を意図して虐待していなかったことがわかるはずだ。

しかし、本間の意図はどうあれ1万人の捕虜を死なせたことは変わりはない。**法廷での判決は銃殺刑**だった。刑は1946年4月3日に執行された。

しかし、人間的には魅力のある人物だったようで、本間と親交のあったイギリス陸軍の少将ピゴットは、敵側にいたにもかかわらず彼の弁護をしようとマニラまで出廷しようとしていたほどだ。

結局、ピゴットの出廷は認められなかった。この軍事法廷は開廷前からすでに判決が決まっていて、フィリピンを追われたマッカーサーによる、本間への報復の意味があったからだとも言われている。

【特攻の黒幕とも呼ばれる山本五十六の懐刀】

黒島亀人

山本五十六が重宝した参謀

航空機や専用兵器で敵艦へ体当りして道連れにする特別攻撃、略して**「特攻」**。

特攻は日本軍が劣勢で苦しむ中、1944年10月のレイテ沖海戦にて実用化された。兵の命を使い捨てにするこの戦法は「統率の外道」ともいわれ、発案したのは大西瀧治郎中将だとされていた。

だが、現在では別の人物も関与していたという説がある。それが、**黒島亀人**少将である。

太平洋戦争で抜粋され活躍した多くの参謀と同じように、黒島も初めはほとんど注目されてはいなかった。海軍兵学校の卒業成績は95人中34番と低くはないが突出して高いわけでもなく、リーダーシップを発揮したこともなかった。それどころか、無口な性格のため「何を考えているかわからない」と級友から疎まれていたという。

海軍大学校にも進学したが首席は取れず、卒業後の進路も戦艦の副砲長、砲術長、軍務局の職員などで、後に各戦隊の参謀を転々とする。つまり、出世コースから外れた裏方業務がほとんどで、そのままなら数ある艦隊の一参謀で終わっていたかもしれないのだ。

連合艦隊司令長官山本五十六（左）と山本に重宝された参謀黒島亀人（右）

敵艦に特攻する日本軍の航空機

しかし、日米開戦の2年前の1939年、ある将軍による抜擢で黒島は大出世を遂げた。その将軍というのが、**連合艦隊司令長官・山本五十六大将**だった。

黒島は目立った役職にこそ就かなかったものの、**砲術長時代における命中率向上研究の成果や、常識にとらわれない発想が、一部将校の間で評価されていた**。山本も、そこに目をつけた一人だったのである。

戦力に劣る日本軍がアメリカ軍に勝つには、奇策に頼る他ない。そう考えた山本は、黒島の奇抜な性格こそ必勝の作戦を生み出すとして、連合艦隊の専任参謀に抜擢したのである。このときの黒島は海軍大学校の教官であり、まさに異例の大出世だったといえる。

こうして連合艦隊の参謀となった黒島が手がけた作戦が、かの**「真珠湾攻撃」**である。航空機で敵本拠地を奇襲する山本の案を具体化したこの作戦で、ハワイ真珠湾に停泊中の戦艦5隻を撃沈する大戦果を上げたのである。

特攻兵器の実現

真珠湾の奇襲後も、黒島は海軍の主要な作戦の立案にはほぼ必ず関与していた。そこで付いた異名が「秋山真之の再来」。出世コースから外れていた一参謀は、緒戦の勝利で日露戦争の名参謀に例えられるほどの評価を得るようになったのだ。

その一方で、変人だった秋山を意識したのか私生活で度重なる奇行を起こしていることが問題となり始め、さらには参謀長の宇垣纏を飛び

日本軍の攻撃によって炎上するアメリカ海軍の戦艦ウエストヴァージニア。この真珠湾攻撃を考案して成功した黒島亀人は軍内からも高く評価された。

越えて山本に重宝されたことを妬む者も出始めたという。

そして１９４２年春を過ぎると、黒島を決定的に追い詰める事件が二つも起こった。

一つ目は１９４２年６月における**「ミッドウェー攻略作戦」の失敗**だ。アメリカ空母殲滅を狙ったこの作戦も黒島が立案したのだが、暗号解読によるアメリカ機動部隊の待ち伏せや決戦前月に大規模な定期人事異動を行ったことなどが影響し、逆に日本空母４隻を失った。

この失敗で名声は地に落ち、さらに翌年４月の**「山本長官機撃墜事件」**がとどめを刺した。山本の搭乗機が視察先でアメリカ軍に機撃墜された事件により、黒島は最大の後ろ盾を失ってしまったのだ。

そして、海軍上層部による参謀の一新を名目

に、兵器の開発と整備を担う軍令部第二部へ異動させられたのだった。

ただ、ミッドウェーでの失敗後は、山本も不信感を募らせ、黒島外しを検討していたので、仮に存命でも連合艦隊からの異動は免れなかったと言われている。

ところで、黒島亀人が軍令部行きとなった1943年7月は、山本の戦死とガダルカナル島での敗北で日本軍の劣勢が確定的となった時期でもある。そのため、新兵器開発での戦局挽回を果たすべく尽力していた黒島であったが、山本という指針を失った頭脳は最悪の結論にたどり着いた。

1944年4月、黒島は三つの新兵器開発を嶋田繁太郎軍令部総長へ提案した。だがその新兵器は、明らかに常軌を逸するものばかり。搭乗員ごと敵艦へ体当たりする航空機、自爆専用の小型艇、人間搭乗型の魚雷などなど。まさしく、後世で「特攻兵器」と呼ばれる自爆兵器の雛形だった。

もっとも、人間魚雷は黒木博司大尉と仁科関夫中尉が1943年に提案済みで、体当たり用航空機も一部士官がすでに構想していたという。だが、彼らの発想を形にするには軍上層部の協力が必須であり、協力者の中に黒島がいたことは間違いない。

そして、これらの自爆兵器は、ロケット式特攻機「桜花」、特攻艇「震洋」、人間魚雷「回天」として開発が正式に決定したのである。その決定は1944年7月、レイテ沖海戦の3カ月前だった。

この経緯を見ると、黒島が特攻発案の黒幕

アメリカ軍が鹵獲した特攻兵器「桜花」。機体の先端に爆弾が搭載されている。

だったと言いたくなるところだ。しかし、この時期には特殊兵器の必要性が軍内で検討され始めており、同様の体当たり攻撃を考案した将校は多かった。となれば、複数の案が検討された上で採用された可能性があり、特定の人物が真犯人とはいえない状況にある。

裏を返せば、**特攻兵器が実用化したのは、一部の将校の独断やゴリ押しではなく、日本軍上層部で正式に話し合われたから**だと考えても間違いではないだろう。

なお、黒島はその他の特攻兵器の開発の必要性と本土決戦を主張しつつも戦後まで生き残り、元資産家の黒田愛子夫人と山本五十六の夫人を誘って「白樺商事」という会社を設立している。晩年は哲学や宗教の研究に打ち込んだという。

瀬島龍三

戦中陸軍をリードした参謀

戦前、戦中、そして戦後にすら影響を与えた軍人がいる。陸軍参謀・**瀬《せ》島《じま》龍《りゅう》三《ぞう》中佐**である。

士官学校では無口で大人しく、目立たない少年だったというが、地味なおかげで派閥争いに巻き込まれず、勉学と研究に集中でき、成績は常に上位を維持していた。

中でも戦国武将と国内外の戦術書研究には熱心に取り組み、陸軍大学校では首席で卒業して天皇の御前で講演する権利を与えられるほど。天皇が当日欠席したので侍従武官の前で行ったという説もあるが、どちらにしても皇室への講演を許されたところに、瀬島の優秀性が窺える。

その後は参謀見習いとして満州の第四師団で半年、第五軍で半年の業務体験をし、エリートコースの参謀本部第一部第二課の正式な陸軍参謀に就任する。

ただ、参謀本部での活動には誤解が多い。例えば、太平洋戦争時は大本営の作戦参謀として主要な南方作戦から沖縄防衛までほぼ全ての作戦立案に関わったとされていた。しかし、瀬島が実際に担当したのは兵力運用、具体的には作戦地域に投入する部隊の選抜と運用のプラン作成で、攻撃・防衛作戦自体を練り上げてはいな

東京裁判でソ連側証人として証言をする瀬島龍三中佐（写真提供：共同通信社）

い。しかも、内容は上司の手が加わり、最終的には8割が改変されたという。

それでも、瀬島の作戦が大戦中に役立てられたのには変わりない。事実、1943年2月のガダルカナル島からの撤退作戦では、瀬島を中心に立てられた作戦案で約1万人の兵が脱出に成功。1945年1月には**陸海軍の調整役として連合艦隊参謀を兼任**した。

しかし、同年7月に作戦参謀として関東軍に異動させられた。理由は本土決戦に関する意見対立の影響とされている。その後、満州でソ連軍の捕虜となり、終戦を迎えることになる。

ソ連のスパイだった？

シベリアにおける11年の捕虜生活に耐え抜き

1956年に帰国すると、瀬島は伊藤忠商事に入社した。当時の伊藤忠商事は中小企業の一つだったが、瀬島は参謀時代に培った発想力と人脈を活かした営業力を発揮。

その成果もあって、伊藤忠商事は防衛庁の装備に関する事業や海外エネルギーの業務を手がけるようになり、日本有数の商社に成長する。最大の功労者である瀬島は、1978年に同社の会長に就任したのである。

瀬島は3年後に退職するも、1982年に発足した中曽根康弘内閣のアドバイザーとして外交と行政改革などに協力して、政財界に強い影響力を持つようになった。

そして、このような中小企業を大企業へと押し上げる敏腕さと権力から、**昭和の裏の支配者**と呼ばれるようにまでなったのだ。

しかし、権勢を誇った瀬島には、ある黒い噂が流れている。それは、**戦後にソ連のスパイになっていた**、というものである。

噂の理由は、終戦直後における不可解な事態の数々にある。終戦後の8月19日に関東軍は「和平交渉の要綱」と呼ばれるソ連軍との停戦協定を結んでいるのだが、その協定には「一部の労力を賠償に差し出す」という趣旨の一文が書かれていた。そして日ソの秘密会議に瀬島が出席していたことから、彼が他の参謀やソ連軍将校と結託して、捕虜受け渡しの密約を結んだというのである。

ソ連から亡命した書記官は「収容所で瀬島を洗脳して工作員にした」と証言したといい、さらには商社時代の瀬島がソ連人と見られる外国人と接触していた様子が度々目撃されている。

シベリアから帰還した日本人。ポツダム宣言の翌年に帰還できる人もいたが、瀬島のように最長で11年も抑留され、強制労働などにつかされた人々もいた。

抑留時ですら、部下の前で「天皇制を打倒せよ！」と叫んだとも囁かれているのである。

こうした黒い疑惑や噂の数々から、瀬島がソ連と通じていたとする研究者は少なくはない。もしこれらの話が真実ならば、ソ連のスパイが日本政財界を牛耳っていたという、歴史を揺るがしかねない大スキャンダルとなるだろう。

だがもちろんのこと、**瀬島をスパイだとする決定的な証拠は何もなく、現時点ではただの噂でしかない**。元部下や一部研究者の間では、ソ連軍人の脅迫にも屈さず、仲間を庇って重労働を課せられるような瀬島が、スパイになるはずがない、とする意見も唱えられている。一体どちらの姿が真実なのか。瀬島本人は2007年に永眠しており、疑惑の真偽については藪の中となっている。

【トップに理解されなかった沖縄防衛戦の高級参謀】

八原博通

冷遇された現実主義者

日本軍の戦死者約6万6000人、民間人の死者数約15万3000人。**戦中最大規模の地上戦である沖縄戦で、作戦を指導した参謀が八原《やはら》博通《ひろみち》大佐**だ。猪突猛進で直情的だと捉えられがちな陸軍将校だが、八原は合理的な思考を重んじる現実主義者だった。

1933年にアメリカへ留学した八原は、そこで発展した工業力と火力重視の戦術を採る軍の姿を見る。「アメリカ軍は勇気のない弱軍」という陸軍の教えとは全く逆の光景に八原は衝撃を受け、帰国後は「もっと相手の現状を学ぶべきだ」と周囲に語り、効率と現実性を重視するアメリカ流の戦術を好むようになったという。

しかし、こうした八原の戦術理論に陸軍は理解を示さなかった。当時の陸軍では精神力と歩兵の精強さに頼った白兵主義が主流とされ、敵軍を奇策で翻弄する大味な作戦案が好まれていた。そうした状況では、いくらアメリカに学ぶべきと主張しても理解はされるはずもなかった。

留学後の1936年3月、八原は陸軍省人事局の補佐課員から陸大教官に異動させられ、翌年には第2軍と第5軍の参謀を歴任。だが、任務は作戦立案ではなく後方支援の調整だった。

沖縄防衛戦を指揮した陸軍の参謀・八原博通。持久戦によってアメリカ軍を足止めしたが、上層部の理解が得られず、長期にわたって作戦継続をすることはできなかった。

1938年に教官職へ戻って、その2年後に大本営付となっても、現地調査の名目でタイへ飛ばされ、大使館付武官補佐官を歴任することになる。太平洋戦争開戦後に第十五軍の作戦参謀に任命されても、八原は軍司令官・飯田祥二郎中将との意見対立で次第に孤立していき、デング熱に罹った1943年3月、本土へ戻され再び教官職へと戻った。

しかも、この頃には**自説を曲げない八原の頑固さが軍内の悪評を呼び、本土帰還から2年以上もの間、八原が作戦立案に関わることはなかった**のである。

変更された防衛作戦

八原が再び参謀となるのは1944年3月9

日。この日、八原は大本営より、新設が決定した南西諸島方面守備軍の高級参謀になるよう命じられた。後に沖縄防衛を担う第32軍である。

当初八原は、砲撃集中と歩兵の夜間攻撃による水際防衛作戦を策案していた。しかし、マリアナ及びレイテ沖海戦の敗北により海軍が壊滅すると、沖縄への大規模増援は難しくなる。さらには、第32軍の最精鋭部隊である第9師団が台湾へ引き抜かれたことで、正攻法でのアメリカ撃退は不可能となった。

そこで八原が立てた次なる作戦が、**長期持久戦**だった。

八原の作戦案を後押ししたのは、1945年2月からの硫黄島防衛戦で、守備隊が長期持久を徹底したことにより、アメリカ軍を1カ月以上も足止めした戦訓だ。八原の作戦案を受けた軍司令官・牛島満《うしじまみつる》中将は持久戦を防衛の主軸と定め、沖縄の要塞化に着手した。

だが、硫黄島とは違って沖縄での持久戦はうまくいかなかった。「鉄の暴風」とも呼ばれる数万発規模の砲撃後、4月1日から沖縄へ上陸したアメリカ軍へ、第32軍は一切の抵抗をせず、嘉手納の飛行場すら明け渡した。アメリカ軍を南部へ誘い込むための罠だったのだが、これに理解を示さなかったのが大本営と海軍だった。無抵抗での飛行場失陥に大本営は大きく落胆し、連日アメリカ艦隊へ特攻を繰り返す海軍部隊からも非難が殺到したという。

不幸なことは、第32軍参謀長・長勇《ちょういさむ》中将ら部隊の強硬派たちが、外部の要求に同調したことだ。主戦派と大本営に押された牛島は4月3日に作戦変更を決断し、八原の抗議を無視して

沖縄本島に上陸するアメリカ軍。正面から戦うのは不利だと判断した八原は、長期持久戦でアメリカ軍の足止めをはかった。

飛行場奪還を命令した。**当初の作戦は、外部と強硬派の横槍で瓦解した**のである。

その後、第32軍は火力に勝るアメリカ軍に敗退を続け、5月30日の首里城司令部陥落後に再び持久戦へ切り替わったが、6月23日の牛島自決によって沖縄の組織的戦闘は終結した。

トップを含む参謀のほとんどが自決する中、八原は戦訓を本土へ伝えるために死を拒み、沖縄脱出を試みた。現実主義者の八原らしい行動だが、そのために県民の変装をして、しかも途中で捕虜になったことから、元日本軍人からの評価は高くはない。

だが、アメリカ軍には「沖縄の日本軍は作戦が実にスマートだった」と評価する将兵が少なくないという。味方よりも敵の方が八原を正確に評価していたといえるだろう。

神重徳

【大和特攻を発案した突撃屋の海軍参謀】

海軍随一の突撃参謀

沖縄戦の最中に決行された、**大和特攻作戦**。日本戦艦最後の出撃であるこの作戦を提案したのが、**神重徳**《かみしげのり》大佐だ。

大将を夢見て海軍入りをした神だが、兵学校は補欠入学で、海軍大学校は2回連続で落ちている。しかし、除隊覚悟で挑んだ3回目の試験に合格すると、軍学や武道などで頭角を現し始め、卒業時には首席で恩賜の軍刀を授与されるほどの秀才に成長した。

同期の間でも、努力型で頭脳明晰な逸材と称賛されたというが、一方でうぬぼれ屋で我がままな点もあったという。後の作戦立案では、残念ながら後者の性質が色濃く出た。

神が手がけた作戦には共通点がある。**「戦艦」と「突撃」**だ。１９４２年8月におけるアメリカ軍のガダルカナル島侵攻では、第8艦隊参謀だった神は湾内への艦隊突入を艦隊司令官へ進言し、敵巡洋艦４隻を撃沈して初戦の勝利を飾った。戦艦部隊による飛行場砲撃作戦にも関与すると、これも成功。名前通りの神懸り的な参謀として、神への期待は高まった。

しかし、これらの成功で味をしめたのか、神の作戦案は代わり映えのない内容ばかりになっ

沖縄戦で大和特攻作戦を考案した海軍参謀・神重徳大佐。1942年、ガダルカナル島周辺海域での戦闘で敵地湾内への侵入を進言し、作戦を成功させたが、それ以降も艦隊突撃というワンパターンな戦略にこだわり続けた。

ていく。

1944年6月のマリアナ沖海戦で敗北すると、陸戦隊を満載した戦艦部隊によるサイパン島突撃を提案。無謀すぎると却下されたが、同年7月に連合艦隊参謀になった神は、アメリカ軍のフィリピン襲来に対して、残存空母を囮に使ったレイテ島湾内への戦艦部隊突入を発案。代案がないことから実行されたものの、圧倒的な規模のアメリカ機動部隊の前には通用せず、戦艦「武蔵」を含む主力艦の多くを失う惨敗に終わった。まさに初期の成功体験が忘れられず、同じ手法を繰り返すバクチ打ちそのものである。

しかし神は懲りることなく、**沖縄戦でまたもや突撃作戦を提案**する。作戦の主体となったのが、連合艦隊最大の戦艦「大和」であった。

戦艦大和最後の出撃

世界最大級の砲塔である「46センチ三連装砲」と、同口径の砲撃に耐えきる装甲を併せ持っていた大和。ただ、空母と航空機の台頭で無用の長物と化し、大した活躍もなく沖縄戦まで生き残っていた。神は、そんな大和と残存艦艇の沖縄出撃を軍令部へ打診したのである。

まず、大和を旗艦とする第2艦隊を沖縄湾内へ突入させ、砲弾の続く限り敵艦を迎撃させる。そうして弾薬が尽きた後は、乗員を陸戦兵として上陸させて、本島の守備隊と共に防衛戦に当たらせる作戦を考案したのだ。

しかし、沖縄近海はアメリカ艦隊に完全包囲されていて、空母のない第2艦隊が空襲を突破するのはまず不可能。神の作戦は、生還の確率は万に一つしかない、事実上の水上特攻だった。しかも、レイテ沖海戦後に半ば決定していた第2艦隊の解散に強硬に反対したことから考えて、特攻作戦は沖縄戦より以前から練られていたことはまず間違いないだろう。

相変わらずの無謀な作戦であったため沖縄戦前であれば却下されていたかもしれないが、この頃は事情が違った。「特攻隊が奮戦しているのになぜ出撃しない」と航空隊から批判され、軍令部内部ですら「戦艦を遊ばせるな」という声が出始めていた。

これに追い討ちをかけたのが、昭和天皇からの「海軍にはもう軍艦は残ってないのかね？」との声だった。**海軍には作戦の成否にかかわらず、大和を出撃させなければならない理由が満**

特攻作戦に参加するも、航空機の集中攻撃を受け沈没する戦艦「大和」

ち溢れていたのである。

そうして１９４５年4月6日、大和を含む第2艦隊は作戦に従い出撃した。艦隊は翌日に総勢４００機以上の波状攻撃を受け、大和と軽巡洋艦「矢矧」、駆逐艦4隻が沈没。３６００人以上の戦死者を出してしまった。

大和特攻は無駄死にとも言える結果に終わったが、海軍全体が出撃容認に傾いていたことから、神だけに責任を問うのは酷だろう。却下はされたものの、多くの将校とは違い、神が出撃に責任を感じて、大和への同乗を希望したことも忘れてはならない。

戦後まで生き残った神は、終戦から1カ月後に三沢沖で飛行機事故に遭った。同乗者の多くは海上で救出されたが、神だけは姿が見つからず、その後に事故死として処理されている。

国内の戦意高揚のためにつくられたポスター「撃ちてし止まむ」。1943年２月に５万枚が配布された。

第4章 知られざる日本軍の情報戦略

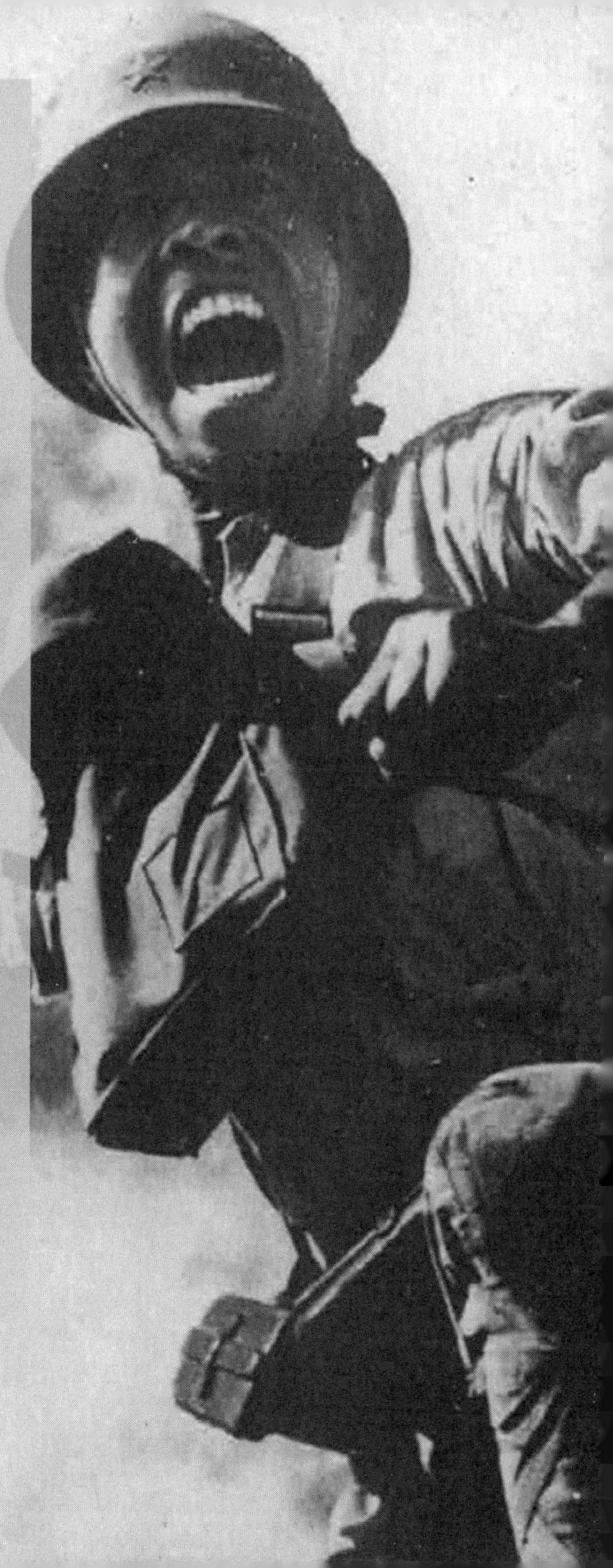

【諜報部員養成所の実態とは？】

陸軍中野学校

諜報部員養成学校

一般的に、日本の陸軍は諜報や謀略などのスパイ行為にさほど力を入れてこなかった、といわれている。しかし、多くの特務機関を設け、諜報活動に現在の価値で数億から数百億もの予算を投じていたことからも分かるように、決して疎かにしていたわけではない。ただ、外国の情報を収集していた者の多くは、専門の諜報部員ではなく各国大使館に駐在していた武官たちで、公的な立場から行える活動は限られていた。

そんな状況を危機的と見た将官が、陸軍の**岩《いわ》畔豪雄《くろひでお》**中佐だ。岩畔は、これからの戦争形態は謀略が重要視されると進言。後に秋草俊中佐という協力者を得て設立されたのが、**「陸軍中野学校」**である。

秀才中の秀才たち

1937年、岩畔は自分の思いを込めた「諜報謀略の科学化」という意見書を参謀本部に提出。その後、陸軍省に「秘密戦士（スパイ）」の養成所設立を掛け合う。これに理解を示したのが、兵務局長だった阿南惟幾《あなみこれちか》少将だった。

阿南は、岩畔、秋草、そして福本亀治中佐ら

陸軍中野学校の生徒たち

を中心とするメンバーの熱心な働きかけを受け、養成所の設立を容認。「防諜研究所」を経て「後方勤務要員養成所」が設立されることとなる。これが後の中野学校である。一説によると、防諜機関や情報工作員の養成を必要視したのは阿南自身であり、そのために岩畔らに活動を命じたともいわれている。

後方勤務要員養成所は、九段牛ヶ淵にあった愛国婦人会本部の別館に開所。第1期生の選考試験は秋草中佐が委員長となり実施された。

受験会場に集まったのは、各師団選り抜きの青年士官たち。ただし、**陸軍大学校や陸軍士官学校を卒業したエリートは一人もおらず、一般大学や高等専門学校、中学校を出た者たちだけ**だった。一般人として市井に紛れ込み、柔軟性も必要とする特殊な任務は、生粋の軍人には行

えないという考えがあったのだろう。

試験は口頭による質問によって行なわれ、「謀略とは何か」「共産党をどう思うか」という常識的なものから、「野原に垂れ流してある大小便を女のものか、男のものか、判断するにはどんな注意が必要か」「映画は洋画と邦画、どちらが好きか」という風変わりなものまで、硬軟取り混ぜ各委員が矢継ぎ早に質問を浴びせた。

その結果、採用が決まったのは20人。実際に入所した19人のうち一人は中途退学した。こうして選ばれた秀才たちは、スパイへの道を歩み始めたのである。

天皇は神にあらず

教育期間は1年1カ月で、1939年には中野の陸軍電信隊跡地に移転。1940年、陸軍大臣の管轄となり、名称も後方勤務要員養成所から陸軍中野学校に変更され、さらに1941年には参謀本部直轄の軍学校へ転身した。

とはいえ、**学校での生活は、いわゆる「軍隊生活」とは程遠いもの**だった。

まず、入学と同時に別の名前に変えさせられ、家族に直接手紙を出すのは禁じられた。起床は午前7時だが、厳密に定められていたわけではなく、適当な時刻に軍人会館の地下食堂で朝食を済ませ、午前10時の学課開始に間に合えば問題なし。学課授業は午前中に終わり、午後5時までは諜報謀略の実際を学ぶ術課。その後は自由時間で門限もなく、翌朝10時の授業に間に合えば外泊も許された。

また、制服ではなく背広を着用し、坊主刈り

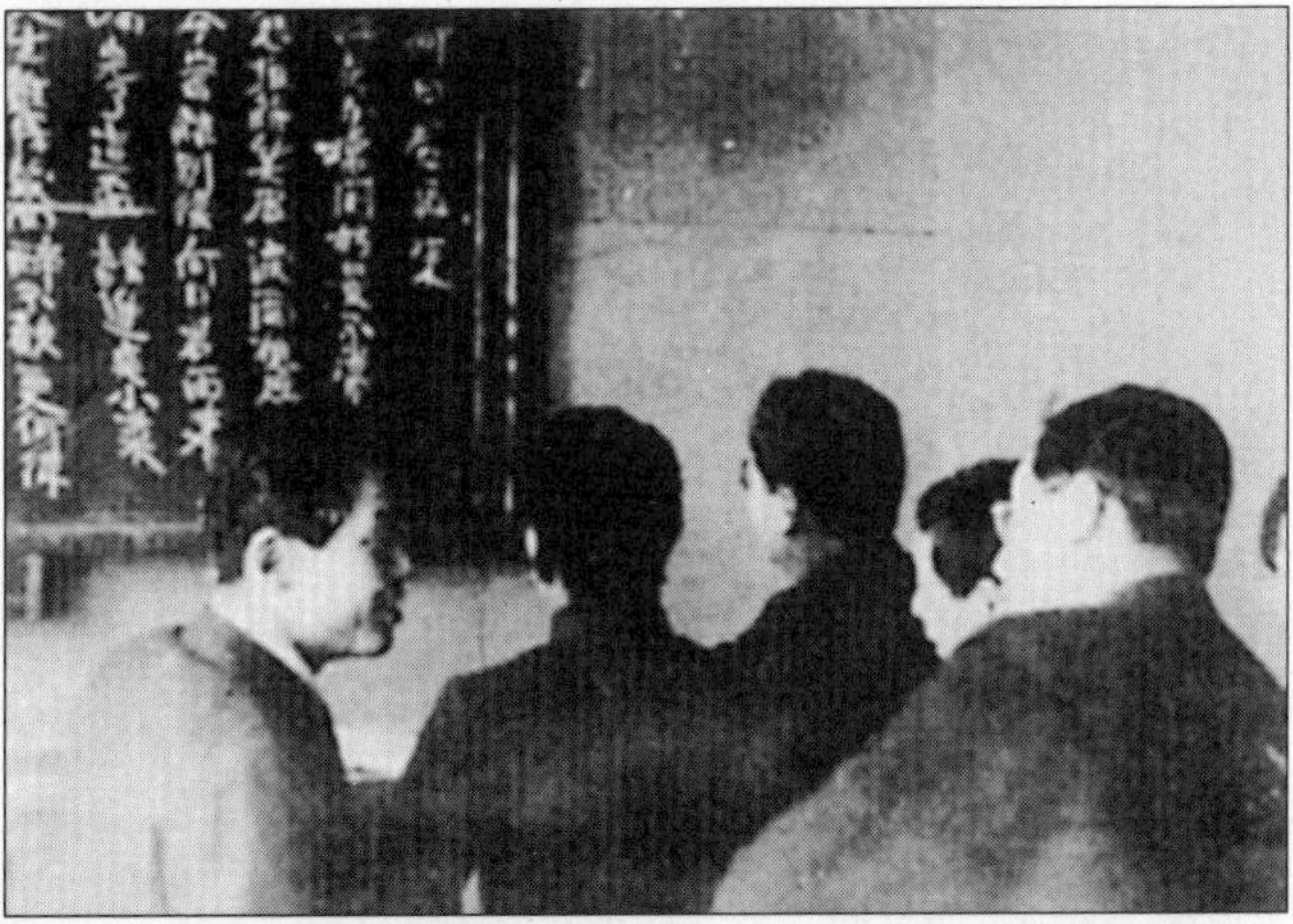

中野学校の授業の様子。髪型は軍隊とはことなり丸坊主ではなかった（写真引用：『陸軍中野学校の全貌』）

を強制されず、上官に敬礼すると「敬礼は軍人の挨拶である」と叱責を受けたという。

そして、最も大きな特徴は、当時の日本にあって、「天皇」を神格化していなかった点だ。

そのころの軍人は天皇の名を口にする、もしくは耳にするとき直立不動の姿勢をとることが常識だった。しかし、中野学校では「天皇も我々と同じ人間である」とし、宿舎の中では**「天皇批判」の論議も行われていた**ほどである。

謀略は誠なり

こうして自由な校風で育った中野学校卒業生たちは、各国にスパイとして送られ、見知らぬ土地の見知らぬ人たちに混じった活動に従事することになる。そこには位階や勲章など軍人と

しての名誉は存在せず、捕虜となっても生き延びて任務を全うすることが義務付けられた。さらに、功績は語られず、捕縛されれば銃殺、もしくは絞首刑。報われるものは何もない。

それでも「謀略は誠なり」、つまり「名誉や地位を求めず人類社会のために尽くし、国と国民のために尽くした誇り」のためにスパイたちは活動した。日本を有利に導くだけでなく、植民地支配されていたアジア各国の義勇軍と手を結び、独立運動に加担もしている。

だが、戦局の悪化にともない中野学校の卒業生も戦線に送られることになり、１９４４年にはゲリラ要員を養成する目的の「陸軍中野学校二俣分校」も設立。30年近くの戦闘状態を終え、１９７４年にルバング島から帰還した小野田寛郎元少尉も二俣分校の出身だった。

戦後に活躍した卒業生たち

１９４５年8月の閉校までに中野学校を卒業したのは約３０００人で、うち２００人余りが戦死もしくは行方不明になっており、戦死公報も届かない「無名の人間」として扱われている。

そんな極秘扱いの中野学校最後の作戦が、**「泉工作」**だ。「全国至るところから泉のように湧き出て遊撃戦を行う」というのが名前の由来で、**終戦後の対ＧＨＱを想定したもの**である。

これと連動し、中野学校の1期生で教官も務めた太郎良《たろうら》定夫少佐によって起案されたのが「占領軍監視地下組織計画書」だ。そこには「占領軍が国民の意思に反して国体の変革を強行するとか、日本民族に対して組織的または政策的

スパイ養成所の設立を許可した阿南惟幾少将（左）と中野学校設立を唱えた岩畔豪雄（右）

な虐待行動を行う等、『ポ宣言（ポツダム宣言）』並びに国際法に違反する行為をした場合、秘密的特殊の方法によって之に警告を与え、又は所用の抵抗措置を取り、それが中止されるまで執拗に続行するための組織をつくる」とあった。計画が組織的に発動されることはなかったが、個人レベルでGHQに潜入した卒業生によって情報活動が行われていたともいわれている。

そんな卒業生たちは戦後の日本でも活躍した。作家・三島由紀夫に軍事学を教授した陸上自衛隊調査学校の副校長・山本舜勝《きよかつ》陸将補をはじめ、軍事評論家の原田統吉氏、香川県選出の木村武千代衆議院議員、足利銀行の向江久夫頭取など、枚挙にいとまがない。そのほか、財界やマスコミでも中野学校出身者は活躍し、戦後の日本を支えたのである。

【協力者を見つけ出し地道に情報を収集】

大使館付武官たちの諜報活動

外国に駐留する日本軍人

山本五十六や栗林忠道など、戦時に活躍した名将の多くは**「大使館付武官」**の経験者だった。「駐在武官」とも呼ばれるこの役職は、簡単に言うと外国の大使館に駐在しつつ、**駐在先の軍の情報を収集する武官**のことである。一見するとスパイのようだが、表向きは外交官として扱われ、現地の軍人との交流などで軍の情報を集めながら、式典では国の代表として出席することもある合法的な役職なのだ。

ただ、公的な立場にあるものの、やはり外国での情報収集が許されているためか、社会や政治情勢が不安定となったら、現地民を買収して非公開情報を盗み出し、工作活動を実行する将官も少なくなかった。

例えば、情報収集活躍で有名な駐在武官の一人に、日露戦争時の陸軍軍人・**明石《あかし》元二郎《もとじろう》大佐**がいる。開戦前にロシアの大使館へ派遣された明石は、戦争が開戦するとスウェーデン大使館へと移転。そこで明石が設立したのが、対ロ諜報機関の「明石機関」である。敵国の内情を調べるのはもちろん、ロシア内の革命勢力へ金銭と武器の援助まで実施した。

こうした明石の活動によって、ロシア国内で

日露戦争時、反政府活動の活発化を狙ってロシアの革命勢力を援助した明石元二郎陸軍大佐。駐在武官としてロシアに赴任し、対ロ工作活動に従事した。

は反政府運動が激化。その影響もあってロシアは戦争継続が困難になったともいわれている。まさに、駐在武官の活動が戦勝要因の一つとなったのである。

もちろん、太平洋戦争前後にも、世界各地の大使館へ日本軍将校が派遣され、明石ほどの過激な活動はほとんどなかったものの、地道な諜報活動に取り組んでいた。

武官たちの地道な諜報

とはいえ、あくまで公的な立場にあったので、武官が直接スパイ活動をする機会は少なかった。そこで**スパイ活動にかわって最もよく使われた手段が、協力者を得ること**だった。

例えば、１９２２年から15年間もイギリスに

駐在していた豊田貞次郎駐英武官は、イギリス人の元士官を買収して軍の情報を入手している。しかもその元士官というのが、当時空母の専門家だった元海軍大佐と、ヴィッカーズ社の潜水艦部門に勤務していた元海軍少佐だった。彼らを通じて得た技術情報は日本海軍の兵器開発に使われたとされ、後任の高須四郎大使もフレデリック・J・ラットランド元空軍少佐を通じて、開戦直前まで米英の内部事情を調査していた。また、アルゼンチンの大使館付武官も、パナマに潜伏したスパイから情報を逐一受け取っていたという説がある。

　これらの活動は海軍の武官によるものだが、陸軍の武官も負けてはいない。大戦中の**小野寺《おのでら》信《まこと》**スウェーデン駐在武官が、日露戦争時に明石のように、1941年に**「小野寺機関」**を組織してソ連での情報収集に当たっていた。明石機関に倣ってソ連内の反政府運動家の協力で情報を集め、**独ソ開戦の詳細からヨーロッパ戦線の状況を事細かに参謀本部へ送り続けていた。**

　ただ、うまく事を運べた事例がある一方、困難を極めた活動もある。それがソ連国内での収集活動である。

　ソ連にも陸軍の武官が多数派遣されたが、その苦労は並大抵ではなかった。入国時には厳しい身体や持ち物へのチェックを受けて、無事入国できたとしても、常に「NKVD（内務人民委員部）」の監視に晒され、行動の自由は何一つなかった。無断で外出しようものなら、スパイとして逮捕される可能性があったのだ。

　それでも駐ソ武官達は当局の目を盗み、自動車で寝泊りしつつも地道に情報を集めようとし

第二次大戦中、ソ連の情報収集にあたった小野寺信（中央）。写真は、ドイツの占領下にあったノルウェーで、ドイツ国防軍軍人にあいさつをしている様子。

た。しかしソ連の万全とも呼べる防諜対策の前には困難を極め、部隊の編成情報の一部など断片的な情報を掴むのが精一杯だったという。その活動の困難さは、参謀本部二部五課課長・林三郎中佐から「泥の中から砂金の粒を見つけるようなもの」と評されるほどだった。

こうした活動はほんの一部に過ぎず、その他の中立国でも、多くの武官が地道な活動を続けていた。しかし**日本軍部が情報を有効活用したかは疑わしく、事実、小野寺が集めた機密情報ですら、彼が親米派だという理由だけで、頭ごなしに握りつぶされていた**。

いかに末端が死力を尽くして入手した情報であったとしても、トップがそれに理解を示さなければ意味はなく、宝の持ち腐れでしかないのである。

【海軍の作戦担当はいかにして情報を集めたのか？】

海軍軍令部の諜報力

海軍の軍令機関

「軍令部」とは、作戦立案や各部隊の運用・編成を担う海軍の中枢機関である。

その始まりは、明治初期の兵部省海軍部に設置されていた海軍軍務局にまでさかのぼる。その後、軍備拡張に伴い軍事局として海軍省外局となり、さらに一度は陸軍の参謀本部と統合されたが、１８８８年の陸・海軍参謀本部条例制定で再び海軍参謀本部として分離する。

やがて、日清戦争直前の１８９２年、仁礼《にれ》景《かげ》範《のり》海軍大臣が提出した、海軍省からの軍令機関の独立に関する請議書に基づき、翌年に海軍軍令部として軍政から完全に切り離された。そうして１９３３年に艦隊派が行った改革で、名称から海軍の部分が削除され、軍令部が誕生したのである。

組織は第一部から第四部までに分けられた。任務はそれぞれ、第一部が作戦指導と兵員の教育、第二部が軍備関連と動員、**第三部が情報収集に当たり、第四部が通信関連を担っていた**。

これらの部署を統率したのが、天皇に直隷して組織を指揮する**軍令部総長**だ。艦隊の作戦立案に関わることから、連合艦隊司令長官の先任大将か中将しか就けない役職だった。

軍令部総長経験者の永野修身（前列中央）が元帥府（天皇の最高軍事顧問）に列せられたことを祝って撮られた写真

総長の下には、補佐官の軍令部次長と、各部署の人員と予備員の出仕士官が置かれ、各国の大使館に派遣される海軍の駐在武官も軍令部の指示を受けていた。**天皇の命令を遂行するという名目で海軍の各部隊を統率運営した**のだが、第三部と第四部の任務からもわかるように、諜報活動も役割の一つだった。

では、軍令部はどのようにして諜報を行い、その能力はどれほどのものだったのだろうか？

軍令部の諜報力

軍令部の諜報活動を司っていた第三部の主となるのは、アメリカを担当する第五課、中国方面の第六課、ソ連とヨーロッパ各国を調査した第七課、イギリス専門の第八課。これらの中で

最も重要視されたのは、やはり仮想敵国であるアメリカでの諜報だった。

　第五課は人員数こそ10人未満と少数だったが、アメリカ本土での諜報活動には力を入れていた。戦前に本土へ送り込まれた士官は18人。海軍大学校を優秀な成績で卒業した秀才ばかりである。大使館の支援員を合わせると、諜報員は30人を超える。その諜報部員たちが、アメリカの実情を軍令部へ逐一報告していたのである。

　さて、陸軍の参謀本部では情報収集の他に、特務機関を用いて謀略を行っていたことが有名だが、海軍の軍令部にも、実はそのような諜報組織が置かれていた。それこそが、海軍版の特務機関である「特務部」だ。

　特務機関が参謀本部二部の指揮下にあったように、特務部も軍令部第三部の隷下にあった。代表的な組織は**「北・南支特務部」**だろう。アメリカ重視の海軍では珍しく、アジア方面での活動を目的とし、１９２９年から在中武官の下で活動していた。どれほどの領域で活動したかは不明な部分が多いが、アメリカのＯＳＳ（後のＣＩＡ）が発表したデータによると、中国の沿岸部だけでなく、シンガポールやインドネシアでの活動が確認され、インド洋でも日本の工作船らしき漁船が確認されたことから、かなりの広範囲だったことは確実とされている。

　ただ、このような海軍の特務部は、陸軍のような謀略活動を行うことはなかった。では何を専門としたかといえば、通信傍受による敵部隊の動向察知である。このように**情報収集のみを専門としたのが、陸軍の特務機関との大きな違い**である。敵地工作をしなかった理由について

硫黄島の戦いの様子。軍令部四部による通信分析が生かされ、アメリカ軍の進攻先を割り出すことに成功。アメリカ軍の上陸を許したものの、防衛に徹したことでおよそ１カ月におよんで足止めすることができた。

は、諜報活動に否定的だった海軍の伝統的思考が大きかったと、元軍令部通信部の中島親考中佐が証言している。

以上は第三部の話だが、通信関連を担っていた第四部でも、埼玉県の大和田通信所などでの通信傍受に加え、暗号解読によってアメリカ軍の動向を探っていた。暗号解読技術が未熟なことから、通信分析に重点が置かれていたものの、商船放送や艦隊通信の内容からある程度の進行予測は可能だった。実は、**この予測によって防衛行動を取れたことも少なくなかった**。レイテ沖海戦や硫黄島戦でも、通信内容から進行先を割り出し、防衛を固めることができたのだ。もちろん予算及び人材不足や上層部の情報軽視などの欠点はあったが、軍令部でもある程度の諜報力は確保していたのである。

【戦地や敵国で実際に行われた宣伝戦略】

日本軍のプロパガンダ

身近なメディアで宣伝

戦場においては、兵員数や兵器の優劣もさることながら、兵士や国民の士気も重要な要素となる。そのため第二次世界大戦では、開戦と同時に、敵国の戦意を喪失させるための宣伝活動、いわゆるプロパガンダが数多く行われた。

プロパガンダには自国の正当性を主張するものから、第一次世界大戦でイギリスが行ったような「ドイツ人は死体から油を搾り取っている」など相手の残虐性を殊更アピールし敵愾心を煽るものまで幅広い手法がある。だが**戦地におけるプロパガンダの第一の目的は、敵軍に厭戦気分を植え付けること**だろう。

そして第二次大戦で当初、最も活用されたのがビラなどの紙媒体だ。ビラの配布には機械設備や配達ルートの確保などが不要なため、最も簡便なメディアとしてあらゆる戦線で航空機や気球から撒かれることとなった。

日本軍でも日中戦争の際、国民党の最高指導者である蒋介石を批判する内容や日本軍の勇猛さを誇示するビラを数多く配布したが、そのほとんどには字が読めない者でも理解できるようにイラストが添えられていたという。

また降伏を呼びかけるビラも数多く投下さ

陸軍参謀本部が連合国向けにつくったビラ。「あの頃が恋しい」など、厭戦気分を植えつける言葉がイラスト入りで書かれている（写真引用：『紙の戦争・伝単 ー謀略宣伝ビラは語るー』）

れ、そこには「投降した者に危害は加えない」といったメッセージとともに、日本兵が中国人に山盛りの食事を振る舞っているような絵が描かれていた。その結果、上海で約6000人、南京でも3万人以上の中国人がビラを手に日本軍に投降したと伝えられている。

作家も集結した淡路事務所

プロパガンダ用のビラは当初、現地の各部隊に従軍した漫画家などによって描かれていた。だが中国での宣伝活動に一定の成果が得られたため、軍部は1940年に専門のセクションを立ち上げる。それが東京神田・淡路町のビルに設立された「淡路事務所」であった。この事務所は多田督智中佐を所長とし、参謀本部第八課

に属する機密組織だったが、防諜のため表向きは化粧品のデザイン会社とされていた。

ここでは対中戦だけでなく対英米戦の宣伝ビラも製作されたが、スタッフはイラストを正確に描写しようと腐心したという。というのも、ビラに描かれる風習や景色に嘘があると、敵兵がメッセージそのものを信用しなくなるためだ。

例えば、アメリカ軍が日本軍の陣営に撒いたビラには、兵士に郷愁を催させるため、日本人家族を描いているものがあったが、そこには幼子が「よぉ母さん」と呼びかけているなど実情とかけ離れた内容も多かったと伝えられている。

そのため淡路事務所には、**美術や諸外国の文化に精通した学者が集まり、さらに内容のマンネリ化を防ぐため、江戸川乱歩など名だたる作家もアイデアを出し合った**と言われている。

そうして刷られたビラは１０００万枚を超えたとされているが、**戦況の悪化により規模は徐々に縮小していく**。戦力が弱体化するとビラを製作する余裕がなくなり、また主な配布手段が航空機からの投下である以上、制空権を奪われるとその活動も制限せざるを得なくなるのだ。

実際、太平洋戦争末期の沖縄戦では、寿司の写真などが添えられたビラが米軍の航空機から大量に舞うようになったという。

ラジオによるプロパガンダ

そこで**ビラに代わりプロパガンダの主力となったのが、電波一つで海を越えることができるラジオ放送**であった。海外向けの放送が始まったのは１９３５年で、運営組織は日本放送

アメリカ軍が日本向けにつくったビラ。投降を促すため、飲料水が豊富にあることをアピールした（写真引用：『紙の戦争・伝単 ―謀略宣伝ビラは語る―』）

協会（ＮＨＫ）だ。当初は諸外国との親善などを目的としていたが、太平洋戦争が始まると、この国際放送は**「ラジオ・トウキョウ」**と呼ばれるようになり、20近くの言語を駆使して、日本の快進撃を盛大にアナウンスしていった。

実は、この放送は日本の戦争遂行にも多大な貢献をしている。それは１９４１年12月８日午前４時に突如「西の風、晴れ」と、地名も語られない奇妙な天気予報を行ったことだ。12月８日といえば日本軍がハワイの真珠湾に奇襲攻撃をかけた日で、このアナウンスは情報局から在外日本大使館に向けて「全ての機密書類を焼却せよ」という意味の暗号であったのだ。

やがてラジオ・トウキョウはアメリカに向けた敵対放送も実施。「ポストマン・コールズ」という番組では、米兵の捕虜を利用し「日本軍

はとても親切で、何不自由ない生活を送っている」という内容を語らせ、前線兵士の士気を挫こうとした。

当然アメリカ側も、プロパガンダ合戦に真っ向から対抗。日本軍捕虜から押収した家族宛ての手紙を日系人に読ませるなど、戦地にいる兵士の戦意を奪う電波合戦を繰り広げていった。

もっとも、捕虜が無理矢理原稿を読まされていることや、内容がでっち上げであることぐらい、互いにある程度承知していたようだから、効果は限定的だったという指摘もある。だが、このラジオ・トウキョウの番組で米兵を虜にしたプロパガンダ放送が、実はあった。

米兵を虜にした東京ローズ

それが１９４３年3月に始まった、南太平洋方面の米軍を対象とする番組「ゼロアワー」だ。番組開始の前月に日本軍はガダルカナル島から撤退するなど、戦局は悪化の一途を辿っていたが、この「ゼロアワー」は進軍開始の号令を意味する言葉で、いまだ日本の戦意が衰えていないことをタイトルに込めたと言われている。

だがそんな勇ましいタイトルとは裏腹に、ゼロアワーは夕暮れ時の憩いの時間にジャズなどの音楽を届ける娯楽番組であった。

中でも女性ＤＪが恋人に語りかけるようなトークは人気を博し、その挑発的でセクシーな口調は、米兵の心を鷲掴みにしたと言われている。やがて米兵はこの女性を**「東京ローズ」**と呼んでアイドル視するようになり、アメリカ本国でも映画化されるほどの高い反響があった。

ラジオ放送によるプロパガンダで米兵を虜にした東京ローズことアイバ・戸栗。
写真は GHQ による取調べの最中の様子。

もちろん、ゼロアワーはただのエンターテイメント番組ではなく、参謀本部指揮のもと日系人女性のアイバ・戸栗ら数名の女性アナウンサーが担当した謀略放送だ。そして目論見通り、彼女たちの魅惑的な声やセリフは米兵に母国の恋人を思い出させ、多くの若者をホームシックに陥らせたと伝えられている。そのため、**ゼロアワーはアメリカが最も神経を尖らせたプロパガンダ放送の一つ**と言われているのだ。

このように武力を用いず、紙や声のみで敵を打ちのめすプロパガンダは、戦地における「影の兵器」と言うことができるだろう。第二次大戦後も朝鮮戦争やベトナム戦争、また近年ではイラク侵攻でも、その媒体をテレビやインターネットに変えながら、心理戦の主役として活用され続けている。

【日米は情報に対する考え方に差があった？】

日本軍とアメリカ軍の諜報力

日米諜報組織の差

敵国へ諜報を仕掛けていたのは、もちろん日本だけではない。アメリカも枢軸国の情報を得るべく諜報活動に取り組んでいたのである。

組織の規模で見ると、日本軍は陸軍が参謀本部二部、海軍が軍令部第三部という独自の諜報機関を持ち、主にアジア方面を中心に活動していた。ただ、開戦時における人員は、軍令部第三部は約20人と非常に少数で、参謀本部二部ですら約35人しか諜報活動に当たっていなかった。尉官以上の部員の総数なので、一般スタッフを含めれば多少は増えるものの、それでも１００人は超えなかったとされている。

これに対してアメリカ軍の情報部は、尉官以上だけでも、陸軍情報部約１７０人、海軍情報部約２３０人とかなりの人数が割かれ、さらにこれらの上には、**陸海軍の諜報を統括する上位組織まで置かれていた**。それが「**ＯＳＳ（戦略情報局）**」である。

１９３９年にウィリアム・ドノヴァン少将が設立したこの組織は、陸海軍や外交筋から送られる情報を一元化して整理分析し、解析結果を軍と政府にフィードバックさせる機関だった。諜報活動と謀略もＯＳＳの分野であり、まさに

アメリカ陸海軍の諜報統括組織 OSS の長官ウィリアム・ドノヴァン少将

アメリカにおける情報の総合組織だったのだ。

なお、戦後にOSSを改変する形で設立したのが、現在の「CIA」である。

開戦の段階の人員は、参謀本部と軍令部の諜報部門を両方合わせたよりも多い400人規模。最終的には1万3000人を超えた。民間人に扮して諸外国へ派遣された工作員を合わせると、規模はさらに増大する。諜報組織の規模だけを比較すれば、人員の数ではアメリカの圧勝と見ていいだろう。

同盟国の支援と最大の相違点

実際の諜報活動についても、日本の完敗だと一般には思われている。上層部の情報軽視で組織は強化されず、各機関が地道に集めた情報は

無視されて、陸海軍の対立で暗号解読すら満足にできず、このためアメリカ軍の先手を許し続けて敗北した。そうしたイメージは戦争中盤以降では間違っていないが、序盤のみを見ればそうとはいえない。逆に**アメリカ軍の諜報力は、日本軍と大差なかったとも見られている**のだ。

アメリカ軍は日米開戦前から日本の情報収集に取り組んでいて、１９４１年の段階で「ゼロ戦」の情報をも事細かく掴んでいた。だがミッドウェー海戦までの間、開戦前の情報が活用された形跡は少ない。それどころか、情報の多くが上層部に無視されたとまで言われている。

最大の原因は、当時の欧米に蔓延していた黄色人種への差別感情だったという。事実、１９３５年にビビアン在日イギリス武官が送ったレポートには「日本人は頭の鈍い人種である」と書かれ、スミス・ハットン駐日武官が１９３９年に「酸素魚雷」の情報を送った折にも、「欧米に劣る日本が作れるはずがない」と海軍情報部に握りつぶされていた。アメリカ兵はメンタルが弱く、戦争に向かないと決め付けていた日本軍を笑えない対応である。

暗号解読についてはさらに酷く、「文書の盗み読みは紳士の所業ではない」とするヘンリー・スティムソン国務長官の予算大幅削減で暗号解読班は大打撃を受け、解読力はかなりの低水準にあった。偏見に満ちた情報への対応と暗号解読部門の自滅が、日本軍への油断を生み、開戦当初の連敗に繋がったと言っても過言ではない。

しかし、日米最大の違いが発生するのはここからである。**日本軍に惨敗したアメリカ軍は、**

アメリカ軍はゼロ戦（上）や酸素魚雷（下）などの日本の強力な兵器の情報もつかんでいたが、上層部に理解されず当初は有効に活用されていなかった。

これまでの姿勢を改め諜報組織の増強を決定し、予算と優れた人員を集中させる。さらには情報統率機関ＯＳＳを機能させ、世界最先端の諜報技術を持つ同盟国イギリスの支援も受けた。

対する日本は、一流の人材は多くが作戦部に取られ、統率機関がなかったせいで情報の一極集中は終戦まで叶わず、ドイツと協力関係は結んでいたが、距離的な問題と分析力の不足から有益な情報交換は成されなかった。

「情報の重要性を学び取れる学習力」「情報の統一分析をこなせる総合機関の存在」「情報戦が得意な同盟国の支援」

これらの要因が決定的な違いとなって、当初は差が小さかった日米の諜報力には、開戦から2年も経たない内に、埋めようのない差が開いてしまったのである。

【スパイをどれだけ防げていたのか？】

陸海軍の諜報対策

情報を守った憲兵隊

諜報とは、単に敵の情報を集めるだけではない。相手からのスパイ行為を防ぐ対策、いわゆる**「防諜」の強化**も必要不可欠である。その防諜に日本で最も注力したのが陸軍だった。

中でも重要視された部隊が**「憲兵隊」**である。一般的には民衆を監視していた軍の特別警察というイメージが強いかもしれないが、本来の役割は陸軍内の風紀維持と防諜対策だった。

憲兵隊は陸軍大臣隷下の「内地憲兵」と各派遣軍の統制下にある「外地憲兵」の2種類に分けられ、約3万3000人が国内外で任務に就いていた。活動には、国家機密の防護を定めた「国防保安法」と軍事機密の漏えい防止を目的とする「軍機保護法」を基として、他国のスパイから情報を守る任務も含まれていたのである。

防護手段としては、不審な外国人の監視、郵便物の検閲、電波傍受から民衆への聞き込みから、時には民間企業と協力して防諜に当たることもあった。実際に、満州の奉天市ではスパイの電波発信源を特定するべく、電力会社に街の電力供給を遮断させた事例が確認されている。

そして、逮捕したスパイ容疑者への尋問も憲兵の仕事であった。過激な拷問で情報を聞き出

陸軍の風紀を守り防諜強化を任務とした憲兵隊

す一方で、スパイを敢えて泳がせ諜報網を探り出し、逮捕者を再教育して二重スパイにする柔軟な対応も取られていた。

他にも、「陸軍省調査部」や「警務連絡班」が防諜の一端を担って活動。意外なことに、これら諜報組織のおかげもあって、**陸軍が致命的な情報漏えいをしたことはなかった**のである。

ただ、陸軍が防諜に成功していたのとは対照的に、機密防護に全く関心を示さず、戦争を左右するほどの漏えい事件を幾度も起こした組織があった。それが日本海軍だ。

防諜をないがしろにした海軍

海軍がどれだけ防諜対策に興味を抱かなかったかは、史実の失敗を見るだけでよくわかる。

1942年6月のミッドウェー海戦では、暗号解読によるアメリカ機動部隊の待ち伏せで日本側の空母4隻を失う大敗を犯し、翌年にはまたもや暗号を解読されて山本五十六大将の機体がアメリカ軍機の奇襲で撃墜された。

だが、これら以上に深刻だったのが、フィリピンで起きた機密文書に関わる事件だった。

1944年3月、フィリピン南部を飛行中だった2機の飛行艇が嵐に遭遇し、飛行不能となった。司令長官を乗せた1番機はそのまま消息を絶ち、2番機はセブ島へ不時着して、搭乗していた福留繁参謀長らは反日ゲリラの捕虜となる。まずいことに、福留はゲリラに捕まるまで機密文書を破棄もせずに所持していたが、逃げられないとわかると、機密流出を防ごうと書類をカバンごと川へ投げ捨てたのである。

しかし、その程度の対策ではどうにもならず、機密文書はゲリラが回収。内容は暗号書から作戦指令書、果ては海軍の部隊配置図など、まさに海軍の主要情報であり、その全てが、ゲリラを通じてアメリカ軍へ渡ってしまった。

これが**海軍最大の情報流出事件「海軍乙事件」**の全容であり、マリアナ沖海戦の敗北も情報流出の影響が大きいとされている。まさに海軍の作戦を根底から揺るがす大事件だが、不思議なことに、**日本海軍は大して問題視しなかった**。それどころかゲリラから解放された福留への処罰すら、お咎めなしとして、第二航空艦隊の司令長官へ栄転までさせていた。

こうした対応からもわかるように、日本海軍の防諜への無関心は目に余るものがあった。ミッドウェーの敗北も、日本の潜水艦から回収

日本軍がアメリカ軍に敗北したマリアナ沖海戦。海軍乙事件によって海戦の元となった作戦案が流出したことが敗北にも影響したとされている。

された暗号文書の影響が大きかったが、多くの将校は流出の可能性に気づかず、作戦の失敗は戦術の不備だと決めつけた。そして、情報流出への対応はおろか、**防諜体制の見直しも最後まで講じられなかった**のである。

海軍がここまで防諜に無関心だった原因は、日本の暗号は解読されないという慢心にあったという。そのため憲兵隊のような防諜組織は海軍になく、1943年頃に、海軍の情報関係将校の一部が危機感を抱くまでは、情報の流出にはあまりにも無防備だったのである。

しかし、設置後の1944年に乙事件を引き起こしたことから、海軍将校の意識改革は最後までできなかったと見ていいだろう。こうした情報流出への対処をしなかったことが、敗戦の遠因となったのは否定できない。

陸海軍の対立

【情報共有がされにくかったのはなぜ？】

不仲だった陸海軍

日本の敗因として、「陸海軍は円滑な連絡ができず、情報を役立てることができなかった」とアメリカが戦後に挙げたように、**陸海軍が情報を共有することは少なかった**。最も有名な事例は、「台湾沖航空戦」だろう。

１９４４年10月、フィリピン沖へ接近したアメリカ機動部隊へ、台湾の基地航空隊が総攻撃を実施。攻撃後に海軍は、主力空母11隻をはじめ、多数の艦艇を撃沈する大戦果を上げた、と発表した。しかし、この戦果は後に誤認であるとわかる。にもかかわらず、海軍は最後まで、陸軍に誤りであることを知らせなかったのだ。

機動部隊の壊滅を信じた陸軍は、ルソン島の主力部隊をアメリカが攻撃中のレイテ島へ移動させる。しかし、主力部隊は、壊滅したはずの機動部隊によって輸送船ごと沈められ、結果、フィリピン陥落を早めてしまったのである。

情報の不一致が起こった最たる原因は、**陸海軍の不仲**である。

不仲の理由は、「予算配分の論争が発端」「薩長派閥抗争の影響」「軍令部独立時の諍い」など諸説あるが、いずれにせよ戦中の陸海軍が反目し合ったことは事実。「日本陸海軍は互いに

朝日新聞
敵艦隊、船團を伴ひ
比島レイテ灣侵入
我軍陸海協同邀撃中
上陸の企圖示す
赫々・台灣沖航空戰
空母十九、戰艦四等
擊沈破四十五隻
敵兵力の過半を壞滅
五日に亙る猛擊
輝く陸海一體の偉業
戰果一覽表
社説
我等、戰果に續かん
右腕に痛
敵左腕
英機動部隊
カーニコ

台湾沖航空戦に関する新聞記事。海軍機動部隊は壊滅していたにもかかわらず、記事には正しい情報が記載されなかった。（朝日新聞 1944 年 10 月 12 日）

争い合うかたわらで、太平洋戦争を戦った」とまでいう研究者もいるほどだ。

確かに、自軍内部の不仲が致命的な問題を与えた例は世界中に数多く、ドイツ海空軍に至っては、艦載機の調達問題による対立で空母開発を大幅延期させていた。

しかし、感情的な理由だけで情報共有の不備が起こったわけではない。陸海軍の反目は、日本軍全体の構造や編成にも影響を与え、情報共有ができにくい組織にしてしまったのである。

情報統括組織の不備

日本陸海軍は、それぞれの諜報機関を用いて情報を集めており、その諜報力は決して低くはなかった。だが、そこには致命的な欠点があっ

た。**陸海軍の情報を一元化する統括組織がなかった**のである。

陸軍の情報は参謀本部二部に、海軍の場合は軍令部第三部に集められていたが、組織をまたいで共有されることは少なかった。

一見無価値な情報でも、他機関では役立つことも珍しくない。そうでなくとも、陸海軍で情報を照らし合わせて総合的に判断し、作戦に活用することは軍隊の常識である。

だが、日本軍には戦略的な視点から情報を整理するための組織がなく、また共有を義務付ける制度も存在しなかった。その結果、情報が隔絶されてしまったのである。

そうなると、情報は一方的な視点から都合よく解釈されてしまい、作戦遂行に支障をきたしかねないのだ。

例えば、アメリカの「ストリップ暗号」は１９４３年までに日本陸軍が解読に成功したのだが、海軍にその情報は伝えられず、終戦まで解読法を知らないままだった。また、１９３４年に陸軍が解読済みの「ブラウンコード」暗号を、１９３８年に海軍が独力で解読したことからも、情報共有の未熟さが見て取れる。このような状況が、暗号解読技術の向上を妨げたことは間違いない。

さらに問題なのは、情報を共有する義務がないので、敗北などの都合が悪い情報の伝達も「任意」だったということだ。

細かな失敗だけならまだしも、ミッドウェー敗北のような重要情報すら、都合が悪ければすぐには伝達されなかった。そのせいで、情勢を把握するには相手の善意を待つか、公開情報か

ミッドウェー海戦でアメリカ軍の攻撃を受け炎上する重巡洋艦「三隅」

らの推測で作戦を立案するしかなかった。

正確さに欠く情報に頼る危うさは、台湾沖航空戦後の推移を見ればよくわかる。情報共有体制の不備が作戦の混乱を招き、敗北にいたる原因の一つとなったのだろう。

一方、アメリカ軍では「ＯＳＳ」が情報の一元化を担い、イギリス軍でも「ＪＩＣ（合同情報委員会）」が、軍や諜報機関が集めたあらゆる情報を集約して分析を行い、整理された情報は国家全体で共有した。

このような中央組織は日本軍で設立されることはなく、不思議なことに計画すら終戦まで立てられなかった。原因は、相手の干渉を嫌う陸海軍の縄張り意識とされている。**改革の可能性を奪って敗戦を早めたのは、陸海軍間の対立と将官のプライド**だったともいえるだろう。

【敵軍の行動を知っていた?】
日本の暗号解読能力

日本軍の秘密組織㊳

日本海軍の暗号解読

アメリカ軍が日本軍の暗号を次々と解読して、戦争を有利に進めたことは広く知られている。ならば日本側の暗号解読は、実戦に役立てられることはなかったのだろうか?

暗号では後手に回っていたとされる海軍だが、実際はかなりの解読に成功していた。海軍による暗号解読は軍令部第二班四課別室（後の第四部第十課）が受け持ち、設立当初の編成は7人のみとかなりの少人数ではあった。

にもかかわらず、四課別室が開設された１９２９年の時点で、早くもアメリカ政府の外交暗号「グレイコード」と海軍の「ＡＮ２暗号」の暗号解読に成功している。

また、イギリスの暗号文書の奪取を軍令部が計画し、１９３４年に札幌のイギリス領事館から盗み出すことにも成功している。これによって、イギリスの省庁間暗号が一時筒抜けとなり、イギリス東洋艦隊が中国へ支援を計画していたことが明らかになったのである。

こうした海軍の暗号解読が戦局を左右したのが、１９３２年の「第一次上海事変」である。上海周辺で勃発した日中武力衝突の中、アメリカ領事館から発せられた外交暗号を解読した海

日本軍の謀略がきっかけで起きた日中の武力衝突・第一次上海事変時の写真。海軍の暗号解読によって日本への爆撃計画を阻止することができた。

軍は、そこに「中国軍が日本軍への爆撃を計画している」という一文を発見した。

　中国に展開中の特務部の調査結果と照らし合わせ、信憑性が高いと判断した海軍首脳は、攻撃隊の発進元とされた杭州飛行場への爆撃を決行。その結果、集結していた中国爆撃隊は日本軍に先手を打たれて壊滅し、陸軍への爆撃は未然に防がれたのである。

　解読班はこの功績を称えられ、同年10月に組織の規模拡大が決定。1940年には軍令部総長直属の情報機関「軍令部特務班」が発足した。

　しかし組織の人員は、太平洋戦争末まで百数十人を超えることはなく、さらに日本の解読を知った英米が頻繁に暗号を変更したことで、大戦中の活動は困難を極めた。上層部による作戦重視の方針が祟って組織の強化も進められず、

アメリカに後れを取ってしまったのである。

海軍より進んでいたが…

海軍が暗号に苦戦した一方で、解読技術で先を行っていたのが日本陸軍だった。1922年の「シベリア出兵」でソ連に敗北した日本陸軍は、暗号解読でソ連軍に勝利したポーランド軍に倣って解読技術の向上に着手。ポーランド軍から参謀を招いて行われた研究によって、参謀本部三部に陸軍初の暗号解読班が設立された。

　1928年には中国経由でソ連の外交暗号表の入手に成功し、その表を元に、**関東軍内部に置かれた「関東軍特種情報機関」が、1935年までにソ連暗号の大部分を解読した**のである。

　また、ポーランド軍参謀本部との協力関係も1941年まで続き、太平洋戦争時にはドイツやハンガリーに武官を派遣し暗号解読を行うなど、対ソ暗号解読にはかなりの力を注いでいた。

　しかし最も興味深いのは、**アメリカの暗号を海軍以上に解読していた**ことだ。当時のアメリカ外務省では「ストリップ暗号」という暗号が使われていた。これは数字を組み合わせる従来の暗号とは違い、金属の棒を組み合わせて作る暗号で、ドイツはおろか、同盟国のイギリスですら解読できない、最も解読困難な外交暗号だった。ところが陸軍は、世界に先駆けてストリップ暗号の解読に成功していたのである。

　軍事情報は参謀本部の「中央特種情報部」が担当し、人員数は設立当初で約300人。最盛期には1000人を超え、関東軍や南方軍などにも数百人規模の支部を構えていた。そして、

陸軍参謀本部。中央特殊情報部は暗号解説によって機密情報を入手。その技術は世界的にみても高いものだった。

民間数学者の動員で高い解読力を得ることに成功。軍民一体の体制が敷かれたことで、対米暗号の解読率は80パーセントを超えたと言われている。その**解読力は世界レベル**だった。

最大の問題は、設立が遅すぎたことだ。米英の解読作業は対ソ活動の片手間とされたことから、情報部設立は1943年、暗号解読の本格化は1944年の半ばを過ぎた頃。すでに日本軍の劣勢が決定的となっていたことで、陸軍の解読力が有利に働くことはなかった。

さらに、海軍との暗号解読情報の共有体制は最後まで整備されず、情報の円滑化すら実現しなかったのである。

陸軍の解読技術が役に立つ場面は少なかったが、もし当初から対米活動を重視していたら、戦局の推移は変わっていたかもしれない。

参考文献

「戦場に舞ったビラ」一ノ瀬俊也著（講談社）／「プロパガンダ・ラジオ」渡辺考著（筑摩書房）／「ブラック・プロパガンダ」山本武利著（岩波書店）／「プロパガンダ戦史」池田徳眞著（中央公論新社）／「対日宣伝ビラが語る太平洋戦争」土屋礼子著（吉川弘文館）／「昭和史探索・2」半藤一利著（筑摩書房）／「現代史資料23」（みすず書房）／「テロとユートピア」長山靖生著（新潮社）／「海軍の昭和史」杉本健著（文藝春秋社）／「満州裏史」太田尚樹著（講談社）／「東条英機　阿片の闇　満州の夢」太田尚樹著（角川学芸出版）／「阿片王」佐野眞一著（新潮社）／「陸軍中野学校」斎藤充功著（平凡社）／「歴代陸軍大将全覧」半藤一利＋横山恵一＋秦郁彦＋原剛著（中央公論新社）／「日本「軍人」列伝」（宝島社）／「キーワード日中全面戦争」太平洋戦争研究会著（新人物往来社）／「上海・嵐の家族」パン・リン著（講談社）／「マネーの闇」一橋文哉著（角川書店）／「海軍の昭和史　提督と新聞記者」杉本健著（光人社）／「日本の謀略　明石元二郎から陸軍中野学校まで」楳本捨三著（光人社）／「日本の歴史25　太平洋戦争」林茂著（中央公論新社）／「日本の軍閥　人物・事件でみる藩閥・派閥抗争史」佐藤實編（新人物往来社）／「謀略の昭和裏面史」黒井文太郎編著（宝島社）／「太平洋戦争１００名将」オフィス五稜郭編（双葉社）「日本海軍用語事典」小泉悠他著（辰巳出版）／「大本営」森松俊夫著（吉川弘文館）／「関東軍特殊部隊　闇に屠られた対ソ精鋭部隊」鈴木敏夫著（光人社）／「昭和の軍閥」高橋正衛著（講談社）／「特務機関」内蒙古アパカ会／岡村秀太郎著（国書刊行会）／「関東軍」中山隆志著（講談社）／「関東軍　在満陸軍の独走」島田俊彦著（講談社）「連合軍の小失敗の研究」三野正洋（光人社）／「日本陸軍がよくわかる事典」太平洋戦争研究会著（ＰＨＰ研究所）／「日本海軍がよくわかる事典」太平洋戦争研究会著（ＰＨＰ研究所）／「太平洋戦争、七つの謎—官僚と軍隊と日本人」保阪正康著（角川書店）／「太平洋戦争　知れば知るほど」小林弘忠著（実業之日本社）／「F機関」藤原岩市著（バジリコ）／「良い指揮官良くない指揮官」吉田俊雄著（光人社）／「日本陸軍将官総覧」太平洋戦争研究会編著（ＰＨＰ研究所）／「昭和史の軍人たち」秦郁彦著（文藝春秋）／「太平洋戦争16の大決戦」太平洋戦争研究会編（河出書房新社）／「日本陸海軍あの人の「意外な結末」」日本博学倶楽部著（ＰＨＰ研究所）／「陸軍の異端児　石原莞爾」

小松茂朗著（潮書房光人社）／「図説　満州帝国」太平洋戦争研究会著（河出書房新社）／「永田鉄山　昭和陸軍「運命の男」」早坂隆著（文藝春秋）／「指揮官の決断　満州とアッツの将軍樋口季一郎」早坂隆著（文藝春秋）／「インパール作戦　日本陸軍最後の大決戦」土門周平著（ＰＨＰ研究所）／「ノモンハン事件　日本陸軍失敗の連鎖の研究」三野正洋／大山正著（ワック）／「ノモンハン事件の真実」星亮一著（ＰＨＰ研究所）／「太平洋戦争終戦の研究」鳥巣建之助著（文藝春秋）／「巨大戦艦大和はなぜ沈んだのか　大和撃沈に潜む戦略なき日本の弱点」中見利男著（日本文芸社）／「僕たちの好きな戦艦大和」別冊宝島編集部編（宝島社）／「米内光政　山本五十六が最も尊敬した一軍人の生涯」実松譲著（光人社）／「瀬島龍三　参謀の昭和史」保阪正康著（文藝春秋）／「沖縄悲遇の作戦　異端の参謀八原博通」稲垣武著（光人社）／「日本の参謀本部」大江志乃夫著（中央公論新社）／「参謀本部と陸軍大学校」黒野耐著（講談社）／「日本軍のインテリジェンス　なぜ情報が活かされないのか」小谷賢著（講談社）／「日・米・英「諜報機関」の太平洋戦争」リチャード・オルドリッチ著／会田弘継訳（光文社）／「在外武官物語」鈴木健二著（芙蓉書房）／「日本軍の教訓」日下公人著（ＰＨＰ研究所）／「情報線の敗北」長谷川慶太郎編（ＰＨＰ研究所）／「大本営参謀の情報戦記　情報なき国家の悲劇」堀栄三著（文藝春秋）／「失敗の本質　日本軍の組織論的研究」戸部良一他著（中央公論新社）／「太平洋戦争　日本の敗因３　電子兵器「カミカゼ」を制す」ＮＨＫ取材班編（角川書店）／「海上護衛戦」大井篤著（角川書店）／「太平洋戦争の意外なウラ事情」太平洋戦争研究会著（ＰＨＰ研究所）／「帝国海軍士官入門」雨倉孝之著（光人社）／「海軍技術研究所」中川靖造著（光人社）／「新版日中戦争　和平か戦線拡大か」臼井勝美著（中央公論新社）／「ミカドの国を愛した「超スパイ」ベラスコ」高橋五郎著（徳間書店）／「全記録ハルビン特務機関　関東軍情報部の軌跡」西原征夫著（毎日新聞社）／「実録・日本陸軍の派閥抗争【復刻版】「龍虎の争い」」谷田勇著（川喜多コーポレーション）／「日本軍閥の興亡」松下芳男著（芙蓉書房）／「日本スパイ養成所　陸軍中野学校のすべて」斎藤充功他著（笠倉出版社）／「秘録・陸軍中野学校」畠山清行著／保阪正康編（新潮社）／「証言・７３１部隊の真相」ハル・ゴールド著／濱田徹訳（廣済堂出版）／「７３１」青木冨貴子著（新潮社）／「戦争の日本史23　アジア・太平洋戦争」吉田裕／森茂樹著（吉川弘文館）

ＮＨＫオンデマンド（https://www.nhk-ondemand.jp/）

教科書《きょうかしょ》には載《の》せられない 日本軍《にほんぐん》の秘密組織《ひみつそしき》

2016年7月21日第1刷

編者　日本軍の謎検証委員会
制作　オフィステイクオー
発行人　山田有司
発行所　株式会社　彩図社《さいずしゃ》
〒170-0005
東京都豊島区南大塚3-24-4　MTビル
TEL 03-5985-8213　FAX 03-5985-8224
URL：http://www.saiz.co.jp
https://twitter.com/saiz_sha
印刷所　新灯印刷株式会社

ISBN978-4-8013-0158-0　C0095
乱丁・落丁本はお取り替えいたします。